Klasse 7 – 10

prima ankommen im Fachunterricht

Geschichte · Erdkunde · Politik

Arbeitsbuch DaZ

Herausgegeben von:

Dr. Yurdakul Çakir-Dikkaya

Erarbeitet von:

Maria Lutz, Franziska Meurer, Dr. Beatrice Müller,
Dr. Eleonore von Oertzen, Insa Steinig-Brettschneider

Cornelsen

Inhalt

1 Leben im Mittelalter

2 Neue Welten – neue Horizonte

3 Wetter und Klima

4 Medien in der Demokratie

5 Das 20. Jahrhundert

6 Deutschland wird geteilt und wiedervereint 66–77

7 Demokratie in Deutschland 78–89

8 Die Europäische Union 90–101

9 Weltweite Globalisierung 102–111

1 Leben im Mittelalter

Hassan: Um zum Bahnhof zu kommen, müssen wir in die Bäckerstraße einbiegen.

Max: Die Straßen heißen so lustig. Guckt mal, da ist ein „Kuhgang" auf dem Stadtplan.

Amina: Ja, darüber habe ich etwas gelesen. Solche Straßennamen gab es im Mittelalter.

1 Schreibe die Begriffe in die passenden Stellen in der Zeichnung.

1. die Kirche • 2. die Stadtmauer • 3. die Bäckerstraße • 4. das Rathaus • 5. der Marktplatz

2 Bilde korrekte Sätze. Schreibe die Sätze in dein Heft.

Auf dem Marktplatz	arbeiteten und wohnten viele Bäcker.
In der Bäckerstraße	verkauften Bauern aus der Umgebung ihre Produkte.
Im Rathaus	erledigten die Menschen wichtige Dinge und bestimmten über Regeln und Gesetze.

die Stadt, die Städte
die Stadtmauer, die Stadtmauern
der Bäcker, die Bäcker
der Bauer, die Bauern
der Bewohner, die Bewohner
der Bürger, die Bürger
der Marktplatz, die Marktplätze
das Mittelalter, –
das Rathaus, die Rathäuser
erledigen, sie erledigten
entstehen, er/sie entstand
bekommen, sie bekamen

3 Sieh dir das Bild auf der linken Seite an. Beantworte die folgenden Fragen.

a Welches Gebäude stand in einer mittelalterlichen Stadt meistens im Zentrum? Kreuze an.

☐ eine Bäckerei ☐ eine Bibliothek ☐ eine Kirche

b Was umgab meistens eine mittelalterliche Stadt? Kreuze an.

☐ ein Fluss ☐ eine Stadtmauer ☐ eine große Straße

Merkmale einer mittelalterlichen Stadt

An Orten, an denen viele Menschen zusammentrafen, entwickelten sich im Mittelalter Städte. Dies konnte zum Beispiel an einer besonders flachen Stelle eines Flusses sein, an dem viele Händler diesen Fluss überquerten. Oder es entstand eine Stadt an einer Burg, die im Krieg den Menschen Schutz geben konnte. Die Bewohner der Stadt nannte man Bürger. Viele Menschen auf dem Land wollten lieber in Städten leben, sodass die Städte immer mehr Einwohner bekamen. Städte wurden so zu wichtigen Orten mit vielen verschiedenen Handwerkern und Händlern. Die Handwerker bildeten Gruppen. Diese Vereinigungen der Handwerker hießen **Gilden** oder **Zünfte**.

4 Betrachte die Bilder. Diese Art von Bildern nennt man Holzschnitte.

a Welches Zunftzeichen gehört zum welchem Beruf? Verbinde.

b Bilde richtige Sätze und schreibe in dein Heft.

Das Zunftzeichen	der Schmiede	zeigt	eine Schere.
	der Schneider		eine Brezel.
	der Bäcker		einen Hammer.

die Gilde, die Gilden
die Zunft, die Zünfte
der Händler, die Händler
der Handwerker, die Handwerker

der Holzschnitt, die Holzschnitte
der Schmied, die Schmiede
der Schneider, die Schneider
das Zunftzeichen, die Zunftzeichen

stehen, er/sie stand
umgeben, er/sie umgab
zusammentreffen, sie trafen zusammen

Die Gesellschaftsordnung im Mittelalter

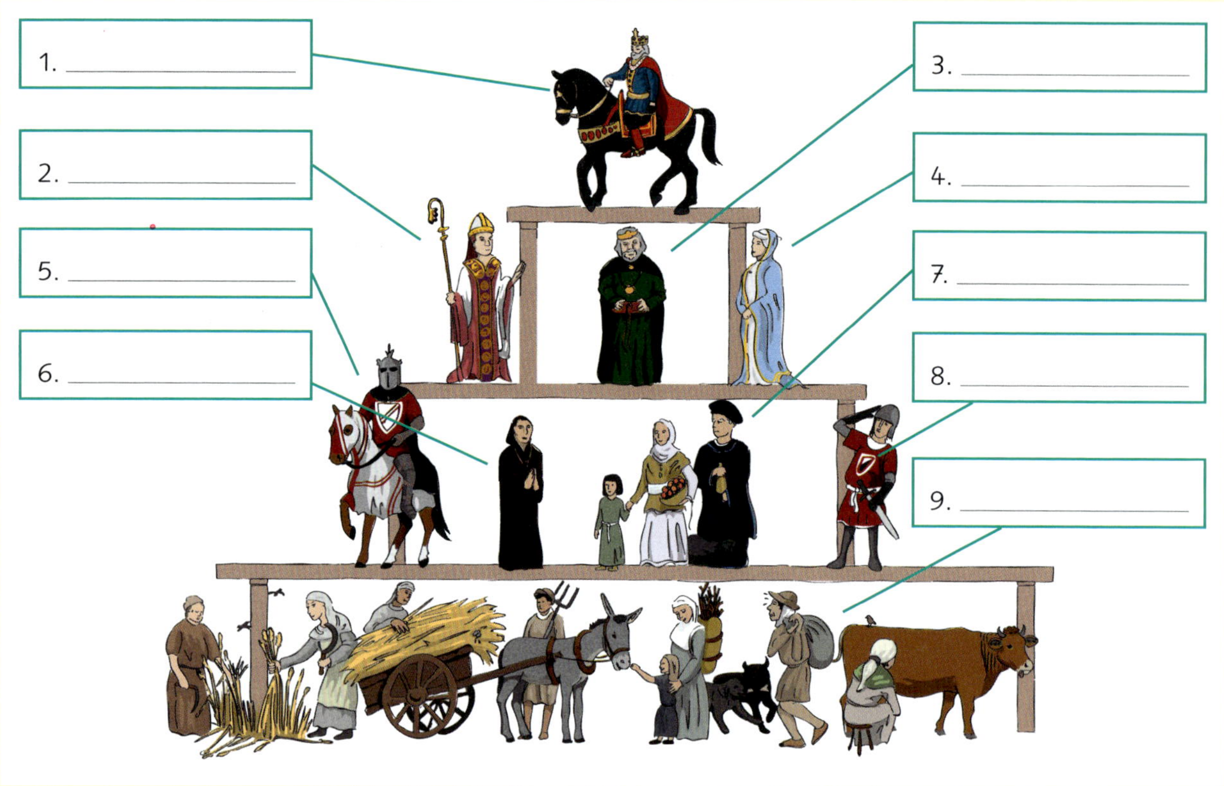

1 **Trage die folgenden Begriffe in die Grafik ein.**

1. der König • 2. der Bischof • 3. der Herzog • 4. die Adligen • 5. der Ritter • 6. die Geistlichen • 7. die Bürger • 8. der Dienstmann • 9. die Bauern

Im Mittelalter gab es sehr große Unterschiede zwischen den verschiedenen Gruppen der Gesellschaft. Die Menschen dachten, dass Gott jedem Menschen einen Platz im Leben zugeordnet hatte. Allein die Geburt bestimmte, zu welchem gesellschaftlichen Stand man gehörte. Man nennt das auch „Ständeordnung". Es gab 3 Stände und zwar den Adel, den Klerus und die Bauern.

Der Adel oder **die Adligen** waren reiche und mächtige Familien. Ganz oben war der König. Der König war die wichtigste Person. Er hatte die größte Macht. Die Adligen durften Gesetze und Regeln bestimmen, aber sie mussten auch im Krieg kämpfen und alle anderen Menschen beschützen. Zu den Adligen gehörten Herzöge und Grafen. Die Kämpfer des Adels hießen Ritter.

Der Klerus oder **die Geistlichen** dienten der Kirche und Gott. Im Klerus gab es unterschiedliche Aufgaben: Die Priester hielten am Sonntag die Gottesdienste. Mönche und Nonnen lebten und arbeiteten in einem Kloster. Mönche waren immer Männer, Nonnen waren immer Frauen. Sie beteten mehrmals am Tag und versuchten, Gutes zu tun. Besonders mächtig im Klerus waren Bischöfe. Sie herrschten über eigene Gebiete, aber auch sie mussten dem König gehorchen.

Die Bauern arbeiteten sehr viel und produzierten Nahrung für alle Menschen. Aber die Bauern durften wenig in ihrem Leben selbst bestimmen. Die Bauern mussten den Adligen und den Regeln der Kirche gehorchen. Die Adligen mussten dafür die Bauern beschützen.

2 **Betrachte die folgende Abbildung. Dies ist ein Bild aus dem Jahr 1492. In der Mitte ist Christus zu sehen, er spricht zu den 3 Ständen.**

a Trage in die Abbildung die 3 Stände ein.

b Ordne die Aufgaben den Ständen zu. Verbinde die Aufgaben richtig mit der Abbildung.

die Adligen • die Geistlichen • die Bauern

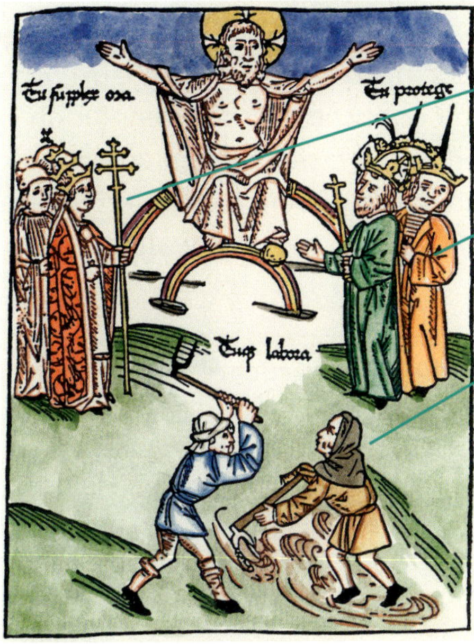

„Du sollst arbeiten"

„Du sollst beten"

„Du sollst beschützen"

3 **Wie lebten die Menschen im Mittelalter? Bilde richtige Sätze. Schreibe die Sätze in dein Heft.**

Die Bauern	mussten	Gott besonders dienen.
Die Adligen		die anderen Menschen beschützen.
Die Geistlichen		schwer arbeiten.
Die Menschen im Mittelalter	gehörten	alle einem festgelegten Stand an.
	lebten	sehr unterschiedlich.

die Gesellschaft, die Gesellschaften
die Nonne, die Nonnen
die Ständeordnung, die Ständeordnungen
der Adel, –
der/die Adlige, die Adligen
der Bauer, die Bauern
der Bischof, die Bischöfe
der Bürger, die Bürger
der Geistliche, die Geistlichen

der Graf, die Grafen
der Herzog, die Herzöge
der Klerus, –
der König, die Könige
der Mönch, die Mönche
der Priester, die Priester
der Ritter, die Ritter
der Stand, die Stände
das Gesetz, die Gesetze
das Kloster, die Klöster

beschützen, sie beschützen
bestimmen, er/sie bestimmte
denken, sie dachten
geben, er/sie gab
gehorchen, sie gehorchen
zuordnen, er/sie hatte zugeordnet
dienen, sie dienten
herrschen, sie herrschten
Gottesdienste halten, sie hielten Gottesdienste

Leben auf dem Land

Die meisten Menschen im Mittelalter waren Bauern. Die Bauern lebten auf Bauernhöfen. Auf einem Bauernhof werden Tiere gezüchtet und auf den Feldern werden Pflanzen angebaut, zum Beispiel Getreide und Gemüse. Damit ernährten die Bauern ihre Familien und verkauften einen Teil auf dem Markt. Die Bauern mussten aber auch für ihren Herrn arbeiten. Die Herrn der Bauern waren die **Grundherrn**. Dem Grundherrn gehörte das Land, auf dem die Bauern lebten und arbeiteten. Meistens war der Grundherr adlig. Er herrschte über das Land und über die Bauern und er bestimmte die Regeln.

Die Bauern mussten zum Beispiel einen Tag in der Woche für den Grundherrn arbeiten, auch wenn es auf ihren eigenen Feldern viel zu tun gab. Diese Arbeit nennt man **Frondienst**. Die Bauern mussten auch viele Abgaben leisten, das heißt, sie mussten von den Tieren und Nahrungsmitteln einen bestimmten Teil dem Grundherrn geben. Die Bauern durften ihren Wohnort nicht verlassen und wegziehen. Wenn die Bauern heiraten wollten, dann brauchten sie die Erlaubnis der Grundherren.

1 Was mussten die Bauern tun? Was durften die Bauern nicht? Bilde richtige Sätze. Schreibe die Sätze in dein Heft.

<table>
<tr><td rowspan="2">Die Bauern</td><td>mussten</td><td rowspan="2">dem Grundherrn gehorchen.
über ihr eigenes Leben bestimmen.
dem Grundherrn Abgaben leisten.
dem Grundherrn Frondienst leisten.
in ein anderes Dorf ziehen.
ohne Genehmigung des Grundherrn heiraten.</td></tr>
<tr><td>durften nicht</td></tr>
</table>

2 Ordne die bäuerlichen Tätigkeiten den Bildern zu.

Getreide ernten • Schafe hüten • Fische fangen

die Abgabe, die Abgaben
die Burg, die Burgen
die Genehmigung, die Genehmigungen
die Kemenate, die Kemenaten
die Rüstung, die Rüstungen

der Bauernhof, die Bauernhöfe
der Frondienst, die Frondienste
der Grundherr, die Grundherrn
der Herr, die Herrn
Abgaben leisten, sie leisten Abgaben
anbauen, sie werden angebaut (Passiv)

Frondienst leisten, sie leisten Frondienst
züchten, sie werden gezüchtet (Passiv)

Leben auf einer Burg

1. der Bergfried • 2. die Kemenate • 3. der Wehrturm • 4. der Palas • 5. die Kapelle • 6. der Pferdestall • 7. die Wehrmauer • 8. der Wehrgang • 9. die Schießscharte • 10. das Burgtor mit Zugbrücke • 11. der Torturm • 12. der Burggraben • 13. der Brunnen

1 Sieh dir das Bild an und lies den Text. Wie war das Leben auf einer Burg?

Wichtige Orte im Land wurden von Burgen beschützt. Die Burgen bestanden aus mehreren Gebäuden. Um die Gebäude einer Burg gab es eine Mauer. Meistens standen Burgen auf Felsen, damit sie höher waren als das Land in der Umgebung. Manchmal lagen Burgen auch an einem Fluss oder sie waren von einem Wassergraben umgeben. Aus einem hohen Turm in der Burg konnten die Menschen sehen, ob Feinde in der Gegend waren. Von der Burg aus konnten die Menschen die Gegend gut verteidigen, weil Feinde nur sehr schwer in eine Burg hineinkommen konnten. Viele Burgen gehörten Rittern.

Die Ritter waren die adligen Kämpfer des Mittelalters. Die Ritter trugen eine Rüstung, um sich in einem Kampf zu schützen. Die Ritterrüstung bestand aus Metall und war sehr schwer. Deshalb saßen die Ritter meistens auf Pferden und ritten in den Kampf. Wenn Frieden war, dann trainierten sie das Kämpfen in Wettbewerben. Diese Wettbewerbe hießen **Ritterturniere**. Bei den Turnieren durften auch die Burgfräulein zusehen. Die Mädchen und jungen Frauen des Adels wurden besonders beschützt. Meistens durften die Burgfräulein wenig in ihrem Leben selbst bestimmen. Aber viele der Burgfräulein lernten lesen und schreiben. Viele andere Menschen, auch Ritter und mächtige Adlige, konnten nicht lesen und schreiben.

2 Schreibe die passenden Bildunterschriften unter die kleinen Bilder links.

Beim Ritterturnier • Beim Burgfräulein

der Bergfried, die Bergfriede
der Brunnen, die Brunnen
der Burggraben, die Burggräben
der Feind, die Feinde
der Palas, die Palasse
der Turm, die Türme

der Wassergraben, die Wassergräben
der Wettbewerb, die Wettbewerbe
das Burgfräulein, die Burgfräulein
das Ritterturnier, die Ritterturniere
beschützen, sie wurden beschützt (Passiv)

bestehen, sie bestanden
liegen, sie lagen
reiten, sie ritten
sitzen, sie saßen
stehen, sie standen
tragen, sie trugen

Leben in einem Kloster

1 Sieh dir die Bilder an. Schreibe die passenden Begriffe unter die Bilder.

in der Bibliothek • im Klostergarten • im Spital

2 Lies den Text. Wie war das Leben im Kloster?

In einem Kloster lebten Mönche oder Nonnen. Das Leben im Kloster war meistens sicher und ruhig. Im Kloster gab es fast immer ausreichend Nahrung. Deshalb musste ein neues Mitglied im Kloster eine Abgabe bezahlen. Das konnten sich fast nur adlige Familien leisten. Nur wenige Kinder aus Bauernfamilien konnten Mönche und Nonnen werden. Das Leben im Kloster war streng geregelt. Es gab feste Uhrzeiten zum Schlafen, zum Essen und zum Arbeiten. Mehrmals am Tag wurde gebetet. Die Mönche oder Nonnen hatten verschiedene Aufgaben. Im Kloster gab es Felder und Tiere wie auf einem Bauernhof. Im **Klostergarten** wurden Gemüse und Heilpflanzen angebaut. Aus den Heilpflanzen wurde Medizin hergestellt. In einigen Klöstern gab es auch ein **Spital** und eine **Apotheke**. Das Spital war ein Krankenhaus. Im Spital wurden alte und kranke Menschen gepflegt. In der **Bibliothek** wurden Bücher gelesen, Bücher gesammelt und abgeschrieben. In manchen Klöstern gab es sogar eine **Klosterschule**. In der Klosterschule wurden die neuen Nonnen und Mönche und einige der begabten oder reichen Dorfjungen unterrichtet. Die Mönche und Nonnen mussten sich an viele Regeln halten. Die Mönche und Nonnen durften nicht heiraten und sie durften keine Kinder bekommen. Sie kannten nur das Leben im Kloster und sprachen meistens nur mit den anderen Mönchen oder Nonnen.

3 Was wurde in einem Kloster gemacht? Bilde richtige Sätze. Schreibe die Sätze in dein Heft.

In der Klosterschule In der Bibliothek In dem Spital In der Klosterkirche In dem Klostergarten	wurden	alte und kranke Menschen gepflegt. Bücher gelesen und abgeschrieben. junge Menschen unterrichtet. Gemüse und Heilpflanzen angebaut.
	wurde	mehrmals am Tag gebetet.

die Apotheke, die Apotheken
die Bibliothek, die Bibliotheken
die Heilpflanze, die Heilpflanzen
die Nonne, die Nonnen
der Klostergarten, die Klostergärten
der Mönch, die Mönche
das Kloster, die Klöster
das Feld, die Felder
das Spital, die Spitäler
pflegen, sie wurden gepflegt (Passiv)
begabt

Der Mönch Benedikt von Nursia hat im 6. Jahrhundert Regeln aufgestellt, die später von vielen Klöstern verwendet wurden. In den Regeln geht es zum Beispiel um das Eigentum, um die Arbeit, die Handarbeit und um die Anlage des Klosters.

1. Keiner darf etwas Eigenes besitzen. Alles gehört allen.
2. Die Mönche und Nonnen sollen immer beschäftigt sein. Sie sollen zu bestimmten Zeiten arbeiten und zu bestimmten Zeiten beten. Sie sollen nicht faul sein. Denn die Faulheit ist der Feind der Seele.
3. Die Mönche sollen sich nur im Kloster aufhalten und nicht nach draußen gehen, weil das schlecht für ihre Seele wäre. Alles Notwendige zum Leben und Arbeiten soll daher im Kloster sein.

4 Sind diese Aussagen zu den Regeln von Benedikt von Nursia richtig oder falsch? Kreuze an.

	richtig	falsch
Nonnen und Mönche dürfen keinen eigenen Besitz haben.	☐	☐
Nonnen und Mönche haben viel Freizeit, weil Faulheit gut für die Seele ist.	☐	☐
Meistens arbeiten die Nonnen und Mönchen außerhalb des Klosters.	☐	☐
Nonnen und Mönche sollen nur beten.	☐	☐
Alles gehört allen.	☐	☐

5 Eden und Max unterhalten sich über das Leben im Kloster. Lies das Gespräch.

Tipp: In Weil-Sätzen steht das Prädikat immer am Ende.

Max: „Hättest du im Mittelalter gerne im Kloster gelebt?"

Eden: „Hm, ich weiß nicht. Ich finde das Klosterleben gut, weil auch Mädchen im Kloster Lesen und Schreiben lernen konnten."

Max: „Ich finde das Klosterleben nicht gut, weil Nonnen und Mönche nicht viel reden durften."

6 Was ist deine Meinung? Wähle 2 Begründungen aus. Schreibe in dein Heft.

Ich finde das Klosterleben im Mittelalter gut / nicht gut, weil ...

- Nonnen und Mönche durften nicht heiraten.
- Nonnen und Mönche konnten in Sicherheit leben.
- Nonnen und Mönche durften nichts Eigenes besitzen.
- Nonnen und Mönche hatten meistens genügend Nahrung.

die Faulheit, –
die Handarbeit, die Handarbeiten
die Regel, die Regeln
aufstellen, er/sie hat aufgestellt
kennen, sie kannten
sich an Regeln halten, sie hielten sich an Regeln
sprechen, sie sprachen
unterrichten, sie wurden unterrichtet (Passiv)
verwenden, sie wurden verwendet (Passiv)

Das Bild von der Welt im Mittelalter

Die meisten Menschen im Mittelalter wussten nur wenig über die Welt. Sie kannten sich nur in ihrem Dorf oder in ihrer Stadt aus. Aber auch im Mittelalter gab es Menschen, die viel reisten und verschiedene Städte und Länder sahen. Diese Menschen waren als **Händler**, als **Krieger** oder als **Gesandte des Königs** unterwegs. Sie lernten andere Länder und Kulturen kennen und knüpften Handelsbeziehungen.

Die Seefahrer wussten über die fernen Länder der Welt besonders viel. So entwickelte sich eine Vorstellung über die damalige Welt. Ein Beispiel für diese Vorstellung von der Welt ist die **Weltkarte des Al-Idrisi**.

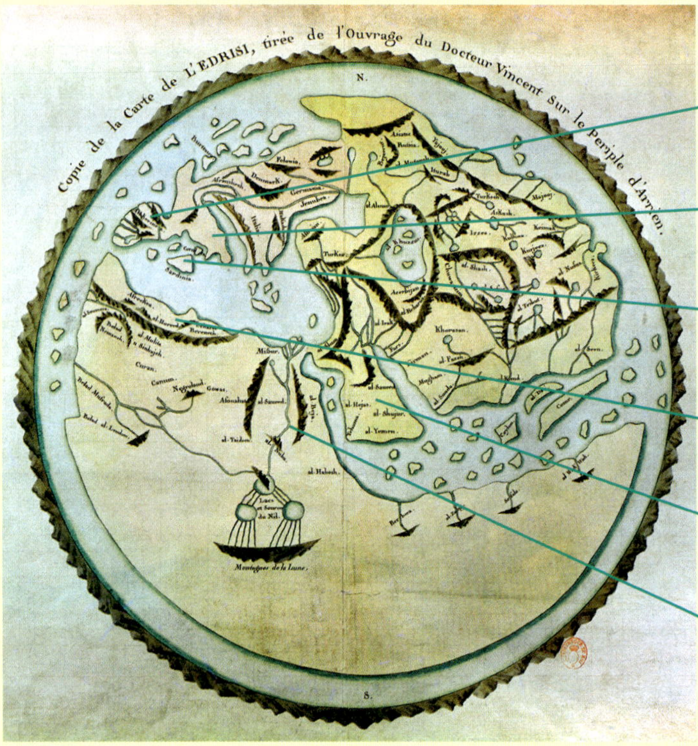

1. ______________________
2. ______________________
3. ______________________
4. ______________________
5. ______________________
6. ______________________

1 Trage die folgenden Begriffe an die passende Stelle ein.

1. Spanien • 2. die Halbinsel von Italien („Stiefel") • 3. die Insel Sizilien • 4. die Küste von Nordafrika • 5. die Arabische Halbinsel • 6. der Fluss Nil

Muhammad Al-Idrisi war ein muslimischer Gelehrter aus Nordafrika. Er lebte im 12. Jahrhundert und arbeitete für den christlichen **König Roger II.** auf der Insel **Sizilien**. Al-Idrisi wurde beauftragt, eine genaue Karte von allen bekannten Ländern anzufertigen. Al-Idrisi arbeitete viele Jahre an der Karte. Er sprach mit vielen Händlern und Reisenden aus fernen Ländern. Er las verschiedene Bücher und Reiseberichte und schrieb Briefe. Seine Informationen bekam er in unterschiedlichen Sprachen und von Menschen verschiedener Religionen. So sammelte er mehr Informationen als andere Gelehrte vor ihm. Seine Weltkarte wurde etwas ganz Besonderes: Man kann auf der Karte deutlich sehen, dass die Erde rund ist. Durch die vielen gesammelten Informationen ist Al-Idrisis Karte viel genauer als andere Weltkarten, obwohl Al-Idrisi selbst nicht in allen Ländern war.

2 Sind diese Aussagen richtig oder falsch? Kreuze an.

	richtig	falsch
Die meisten Menschen im Mittelalter wussten ziemlich wenig über die Welt.	☐	☐
Die Seefahrer wussten über die fernen Länder besonders viel.	☐	☐
Al-Idrisi hat die Weltkarte allein aus dem Kopf gezeichnet.	☐	☐
Al-Idrisi kannte viele Reisende und Seefahrer, die ihm berichtet haben.	☐	☐
Die Weltkarte von Al-Idrisi sieht genauso aus wie eine heutige Weltkarte.	☐	☐
Die Weltkarte von Al-Idrisi zeigt nur einen Ausschnitt aus der heutigen Welt.	☐	☐
Al-Idrisis Karte zeigt Nordeuropa etwas ungenau.	☐	☐

Durch die vielen Handelsbeziehungen kam es zum Austausch von Waren zwischen Europa, Asien und Nordafrika. Viele Wörter und Begriffe, die in Europa bis dahin unbekannt waren, wurden aus dem Arabischen übernommen.

3 Lies die folgenden Wörter, die einen arabischen Ursprung haben.

die Algebra 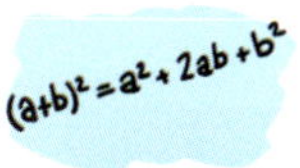

die Aubergine 

der Balsam 

der Chiffon 

der Damast 

das Elixier 

der Ingwer 

die Matratze 

der Muskat 

die Orange 

der Pfirsich 

das Schach 

der Schal 

das Sofa 

der Zimt 

4 Schreibe die Tabelle in dein Heft. Trage die Wörter in die Tabelle ein.

Gewürze	Früchte/ Gemüse	Stoffe/ Kleidung	Möbel/ Sport	Wissenschaft/ Medizin
der Ingwer	*die Aubergine*	*der Damast*	*das Sofa*	*die Algebra*

der Gelehrte, die Gelehrten
der Gesandte, die Gesandten
der Händler, die Händler
der Krieger, die Krieger
der Seefahrer, die Seefahrer

beauftragen, er/sie wurde beauftragt (Passiv)
bekommen, er/sie bekam
Handelsbeziehungen knüpfen, sie knüpften Handelsbeziehungen
lesen, er/sie las

schreiben, er/sie schrieb
sehen, sie sahen
sich auskennen, sie kannten sich aus
wissen, sie wussten

1 Sind diese Aussagen richtig oder falsch? Kreuze an.

	richtig	falsch
Im Mittelalter gehörten alle Menschen einem festgelegten Stand an.	☐	☐
Es war leicht, in einen anderen Stand zu wechseln.	☐	☐
Der König war die wichtigste und mächtigste Person.	☐	☐
Die Ritter waren die adligen Kämpfer des Mittelalters.	☐	☐
Auf der Ritterburg lebten nur Männer und Bedienstete.	☐	☐
Die meisten Menschen im Mittelalter lebten auf dem Lande.	☐	☐
Die Bauern hatten nur im Sommer viel zu tun, sonst hatten sie frei.	☐	☐
In einem Kloster lebten Mönche oder Nonnen.	☐	☐
Das Leben im Kloster war nicht streng geregelt, nur das Beten war wichtig.	☐	☐
Die meisten Menschen im Mittelalter wussten nur wenig über die Welt, weil sie nicht viel reisen konnten.	☐	☐

2 Sieh dir das folgende Bild an. Es zeigt eine Szene aus einer mittelalterlichen Stadt. Wie lebten die Menschen in einer mittelalterlichen Stadt? Trage die richtige Nummer in das richtige Kästchen ein.

☐ Hier konnten die Menschen Waren kaufen und verkaufen.

☐ Hier wurden wichtige Gesetze beschlossen.

☐ Hier hielten die Priester sonntags Gottesdienste.

☐ Diese Anlage schützte die Stadt.

☐ Hier konnten die Tiere Wasser trinken.

☺ das kann ich gut 😐 das kann ich einigermaßen ☹ das muss ich noch üben

das hilft mir	neue Wörter	in meiner Sprache
	die Gilde, die Gilden	
	die Stadtmauer, die Stadtmauern	
	die Zunft, die Zünfte	
	das Mittelalter, –	
	das Rathaus, die Rathäuser	
	die Gesellschaft, die Gesellschaften	
	die Ständeordnung, die Ständeordnungen	
	der Adel, –	
	der/die Adlige, die Adligen	
	der Bauer, die Bauern	
	der Bischof, die Bischöfe	
	der Geistliche, die Geistlichen	
	der Klerus, –	
	der König, die Könige	
	der Priester, die Priester	
	der Ritter, die Ritter	
	beschützen, er/sie beschützt	
	gehorchen, er/sie gehorcht	
	die Abgabe, die Abgaben	
	die Burg, die Burgen	
	die Rüstung, die Rüstungen	
	der Frondienst, die Frondienste	
	der Grundherr, die Grundherrn	
	der Ritter, die Ritter	
	das Burgfräulein, die Burgfräulein	
	das Ritterturnier, die Ritterturniere	
	Abgaben leisten, er/sie leistet Abgaben	
	beschützen, er/sie beschützt	
	Frondienst leisten, er/sie leistet Frondienst	
 	die Bibliothek, die Bibliotheken	
	die Heilpflanze, die Heilpflanzen	
	die Nonne, die Nonnen	
	der Mönch, die Mönche	
	das Kloster, die Kloster	
	pflegen, er/sie pflegt	

2 Neue Welten – neue Horizonte

Die Freunde unterhalten sich über Händler, die früher von Europa aus nach China gereist sind.

die Landkarte, die Landkarten
der Globus, die Globen
der Händler, die Händler
der Horizont, die Horizonte
gelangen (fahren), sie gelangen
nach Norden
nach Osten
nach Süden
nach Westen

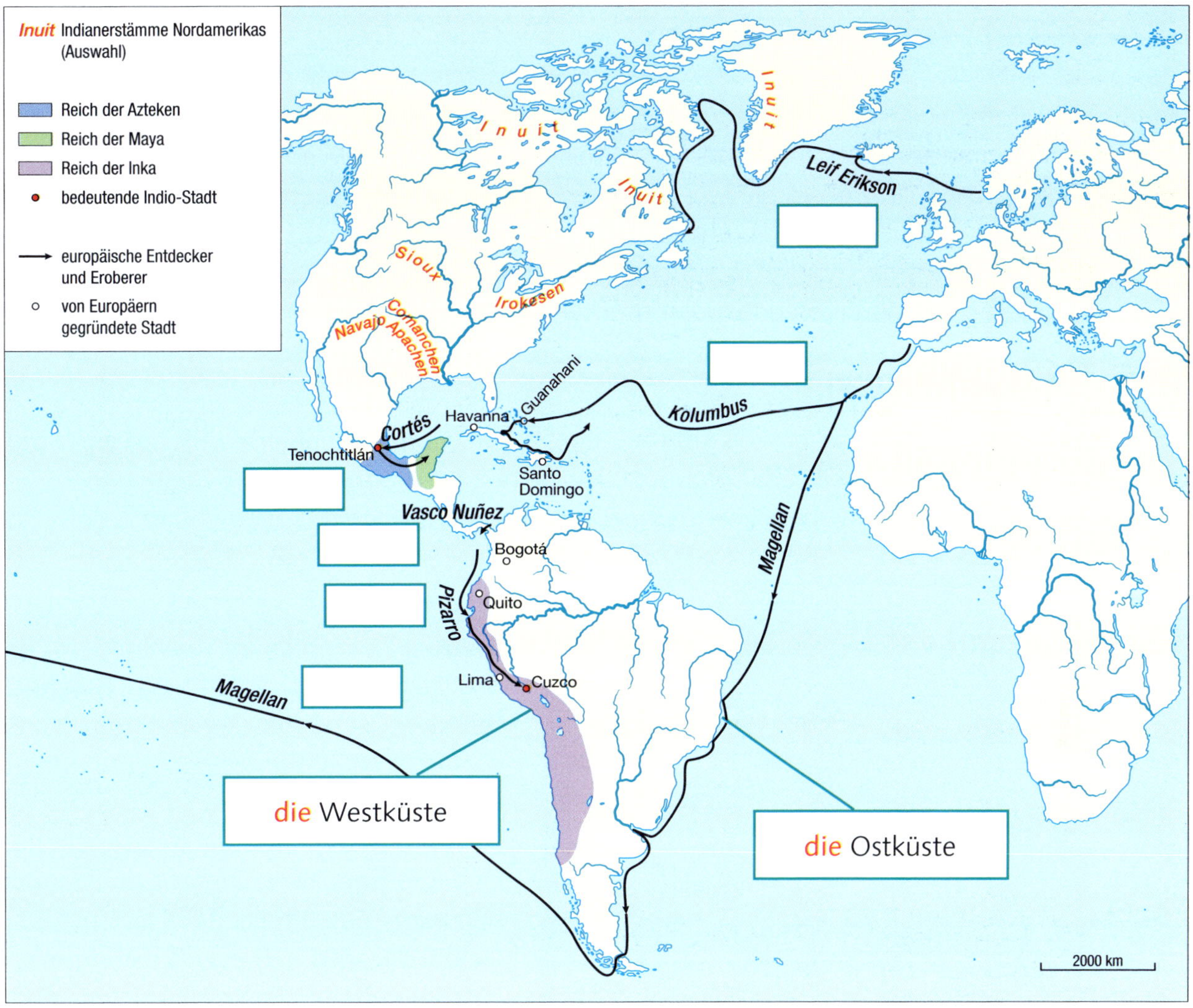

1 Lies die folgenden Informationen.

Wann wurden verschiedene Orte in Amerika zum ersten Mal von Europäern besucht? Schreibe die hervorgehobenen Jahreszahlen in die richtigen Kästchen.

- Ungefähr **990** landete Leif Eriksson in Neufundland.
- **1492** erreichte Christoph Kolumbus während seiner ersten Reise die Insel Guanahani (heute San Salvador).
- **1513** überquerte Vasco Nuñez de Balboa die Landenge von Panama. Er erreichte als erster Europäer die Westküste von Amerika.
- **1519** landete Hernan Cortés in Veracruz im heutigen Mexiko. 1521 eroberte Cortés die Hauptstadt der Azteken, das heutige Mexiko-Stadt.
- **1520** segelte Fernando Magellan um die Südspitze des amerikanischen Kontinents herum. Danach segelte Magellan immer weiter nach Westen. Die Expedition von Magellan fuhr als erste rund um die ganze Welt.
- **1531** landete Francisco Pizarro in Piura im heutigen Peru.

die Expedition, die Expeditionen
die Landenge, die Landengen
die Ostküste, –
die Westküste, –

der Kontinent, die Kontinente
erobern, er/sie eroberte
erreichen, er/sie erreichte
fahren, er/sie fuhr

landen, er/sie landete
segeln, er/sie segelte
überqueren, er/sie überquerte
um ... herum

Die ersten Amerikaner

Als Kolumbus in Amerika ankam, glaubte Kolumbus, dass er einen neuen Weg nach Indien gefunden hätte. Deshalb nannte Kolumbus die Menschen, die er dort traf, „Indianer" oder „Indios". Dieser Name verbreitete sich in ganz Europa. Bald dachten die Europäer, diese „Indianer" wären alle gleich, aber das war ein großer Irrtum. Auf dem riesigen Kontinent Amerika gab es ganz unterschiedliche Klimazonen und Landschaften. Die Menschen hatten sich diesen Bedingungen angepasst und sie hatten verschiedene Lebensweisen entwickelt.

Die Hochkulturen

Einige Völker lebten in großen Städten. Ihre Verwaltung funktionierte gut und ihre Straßen waren ausgebaut. Sie trieben Handel über weite Entfernungen und sie hatten starke Armeen. Viele von diesen Völkern bauten Tempel und Paläste aus Stein. Einige Völker besaßen auch eine eigene Schrift. Diese Völker bezeichnet man als **Hochkulturen**.
Zu diesen Völkern gehörten die **Azteken**, die **Inka** und die **Maya**.

Tenochtitlan, die Hauptstadt der Azteken, Gemälde von Diego Rievera, 1948

Die **Azteken** lebten im Hochland des heutigen Mexiko. Ihre Hauptstadt hieß **Tenochtitlan**. Tenochtitlan gehörte um das Jahr 1500 zu den 10 größten Städten der Erde und hatte ca. 200 000 Einwohner.
Die **Inka** hatten ihre Macht über ein riesiges Gebiet ausgedehnt. Dieses Gebiet erstreckte sich vom heutigen Ecuador bis nach Chile. Im Gebiet der Inka gab es das Gebirge der **Anden** mit vielen hohen Berge und tiefen Tälern. Es war schwer, an den steilen Berghängen Kartoffeln und Getreide anzubauen. Die Inka legten Terrassen an und bewässerten ihre Felder mit Kanälen. So konnten viele Menschen dicht beieinander leben und hatten genug Lebensmittel.
Die **Maya** lebten in vielen Städten im südlichen Mexiko und im heutigen Guatemala. Ihre Schrift wurde erst vor wenigen Jahren entziffert.

Terrassenfelder in Machu Pichu, Peru

Maya-Schrift aus Palenque, Mexiko

1 **Lies den Text noch einmal gründlich. Sieh auf der Karte auf Seite 17 nach, wo Azteken, Inka und Maya lebten.**

2 Kolumbus fand in Amerika viele Dinge vor, die die einheimischen Bewohner gemacht hatten. Bilde richtige Sätze und schreibe sie in dein Heft.

Die Maya Die Menschen in Amerika Die Azteken Manche Völker Die Inka Die Menschen	hatten	eine gute Verwaltung entwickelt. Terrassenfelder angelegt. sich den verschiedenen Bedingungen angepasst. eine eigene Schrift entwickelt. verschiedene Lebensweisen entwickelt. eine riesige Hauptstadt gebaut.

Hernan Cortés nahm die Hauptstadt der Azteken mit nur 600 Soldaten ein. **Francisco Pizarro** eroberte das riesige Inka-Reich in Begleitung von 34 Spaniern und 17 Pferden. Wie war es möglich, dass nur wenige Abenteurer die großen und gut ausgebildeten Heere der einheimischen Reiche besiegten? Die wichtigsten Gründe sind:

- Die Spanier hatten Waffen aus Metall. Sie verwendeten auch Feuerwaffen und sie ritten auf Pferden. Alle diese Dinge kannten die einheimischen Bewohner nicht.
- Viele Azteken glaubten, die Spanier wären Götter.
- Manche Völker halfen den Spaniern. Sie hofften, die Spanier würden bald wieder wegfahren.

2. Die Indianer sind alle gleich.
3. Die Fremden sind Götter.
4. Hoffentlich fahren sie bald wieder weg.

3 Was dachten die Menschen in Amerika und Europa über die Entdeckung des Kolumbus? Ordne die richtigen Sätze den Sprechblasen zu.

1. Kolumbus glaubte, dass er einen neuen Weg nach Indien gefunden hätte.
2. Die Menschen in Europa dachten, die Indianer wären alle gleich.
3. Die Azteken glaubten, die spanischen Eroberer wären Götter.
4. Viele Indianer hofften, die Europäer würden bald wieder wegfahren.

die Bedingungen, die Bedingungen
die Hochkultur, die Hochkulturen
die Klimazone, die Klimazonen
die Landschaft, die Landschaften
die Lebensweise, die Lebensweisen
das Heer, die Heere
ankommen, er/sie kam an
ausdehnen, sie hatten ausgedehnt
besitzen, sie besaßen
denken, er/sie dachte
entziffert werden, er/sie wurde entziffert (Passiv)
finden, er/sie fand
Handel treiben, sie trieben Handel
helfen, sie halfen
nennen, er/sie nannte
reiten, sie ritten
sich anpassen, sie hatten sich angepasst
sich erstrecken, er/sie erstreckte sich
sich verbreiten, er/sie verbreitete sich
treffen, er/sie traf

Auf der Suche nach Gold und Reichtümern

Christoph Kolumbus

Kolumbus schrieb während seiner Reise ein Tagebuch.
Kolumbus wollte dem König und der Königin von Spanien später zeigen, was er auf der Reise gemacht hatte.
Denn der König und die Königin hatten ihm das Geld für seine Schiffe, für die Matrosen und für die Vorräte gegeben.

Kolumbus schrieb jeden Tag auf, was an diesem Tag passiert war.
Am 12. Oktober 1491 notierte er:

„Wir begaben uns an Land.
In unseren Booten hatten wir Waffen.
Und wir hatten Glasperlen und kleine Glocken als Geschenke dabei.
Sofort kamen viele Indianer zu uns.
Sie brachten Papageien und Baumwolle.
Sie hatten keine Waffen bei sich.
Sie kannten kein Eisen.
Als ich ihnen ein Schwert zeigte, schnitten sie sich daran.
Die Indianer sind bestimmt kluge Diener.
Ich glaube, dass sie zum Christentum übertreten."

Kolumbus und die anderen Seefahrer wollten in fernen Ländern Gold, Edelsteine und Gewürze finden. Mit diesen Dingen wollten die Seefahrer in ihrer Heimat reich werden.
Auch in Amerika suchten die Spanier Gold und Silber.

Zuerst raubten die Spanier den Azteken und den Inka ihren Schmuck, sie raubten die Einrichtung ihrer Tempel und sie raubten kostbare Haushaltsgegenstände.
Wunderschöne Kunstwerke wurden eingeschmolzen und nach Spanien gebracht.
Danach zwangen die Spanier die einheimischen Menschen dazu, in Bergwerken nach noch mehr Gold und Silber zu suchen.

Die Spanier bauten auch neue Produkte an, zum Beispiel Tabak, Zuckerrohr oder Baumwolle.
Große Landgüter, auf denen nur eine Pflanzenart angebaut wird, nennt man **Plantagen**.

1 Lies den Text von Kolumbus oben auf der Seite und verbinde die Fragen mit den richtigen Antworten.

1. Was für ein Text ist das?	Am 12. Oktober 1491.
2. Wer sollte den Text lesen?	Die Einheimischen kannten kein Eisen und keine scharfen Waffen.
3. Wann hat Kolumbus den Text geschrieben?	Ein Tagebuch.
4. Was hat Kolumbus den Einheimischen gegeben?	Er hofft, dass die Einheimischen den Spaniern gut dienen und dass sie Christen werden.
5. Was ist Kolumbus besonders aufgefallen?	Der König und die Königin von Spanien.
6. Was hofft Kolumbus?	Glasperlen und kleine Glocken.

Die Eroberung Amerikas hatte schlimme Folgen für die einheimischen Bewohner. Viele Einheimische steckten sich mit Krankheiten an, die die Europäer eingeschleppt hatten. Diese Krankheiten waren in Amerika bis dahin unbekannt. Die Menschen hatten keine Widerstandskräfte gegen diese Krankheiten.

Außerdem zerstörten die Europäer in vielen Fällen die Natur: Flüsse wurden durch den Bergbau vergiftet, Wälder wurden abgeholzt und viele Tierarten wurden ausgerottet.

Die Arbeit in den Bergwerken war sehr schwer. Viele Arbeiter wurden krank und starben. Auch auf den Plantagen starben viele Menschen, weil sie von den Plantagenbesitzern schlecht behandelt wurden.

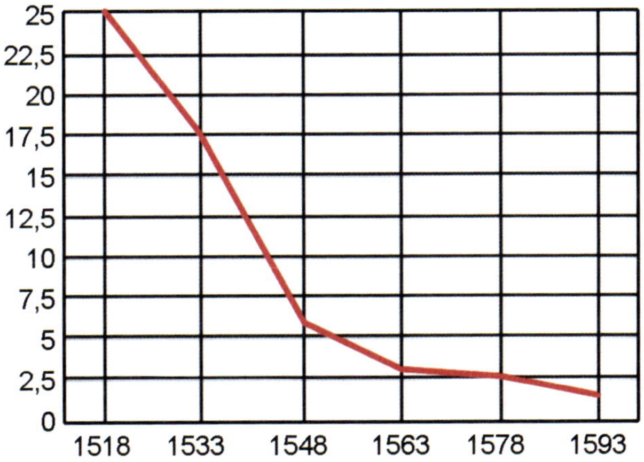

Nachdem die Spanier in Amerika angekommen waren, nahm die Zahl der einheimischen Bewohner Amerikas ab. Der Grund dafür waren Krankheiten, Hunger und schwere Arbeit.

Die Grafik zeigt, wie die Bevölkerung von Mexiko innerhalb von 75 Jahren abgenommen hat.

2 Trage in die Tabelle ein, wie viele Menschen in den angegebenen Jahren in Mexiko lebten.

~~25 Millionen~~ • 1,5 Millionen • 3 Millionen • 6 Millionen • 2,5 Millionen • 17,5 Millionen

Jahr	Einwohner
1518	25 Millionen
1533	
1548	
1563	
1578	
1593	

die Widerstandskraft, die Widerstandskräfte
der Edelstein, die Edelsteine
der Matrose, die Matrosen
der Vorrat, die Vorräte
das Bergwerk, die Bergwerke
das Gewürz, die Gewürze
abholzen, sie wurden abgeholzt (Passiv)
abnehmen, er/sie nahm ab
aufschreiben, er/sie schrieb auf
ausrotten, sie wurden ausgerottet (Passiv)
begeben, wir begaben uns
bringen, sie brachten
einschmelzen, sie wurden eingeschmolzen (Passiv)
einschleppen, sie hatten eingeschleppt
sich anstecken, sie steckten sich an
sich schneiden, sie schnitten sich
sterben, sie starben
zwingen, sie zwangen

Handel zwischen den Kontinenten

Nach der Entdeckung Amerikas lernten die Europäer neue Pflanzen und Tiere kennen. Die Europäer brachten auch neue Pflanzen und Tiere von Europa nach Amerika.
Im Laufe der Zeit wurden diese Pflanzen und Tiere auf dem jeweils anderen Kontinent angebaut und gezüchtet. So kamen zum Beispiel die Kartoffel und die Tomate nach Europa. Die Europäer führten verschiedene Obstsorten in Amerika ein. Auch der Reis wurde von den Europäern nach Amerika gebracht.

1 **Betrachte die Produkte. Was wurde von Europa nach Amerika gebracht? Was wurde von Amerika nach Europa gebracht?**

2 **Bilde richtige Sätze. Schreibe die Sätze in dein Heft.**

Beispiel: *Von Amerika nach Europa wurde Mais gebracht.*
Von Europa nach Amerika wurden Pferde gebracht.

Nach der Eroberung und Kolonisierung von Mexiko brauchten die spanischen Eroberer immer mehr **Arbeitskräfte** für ihre Bergwerke und Plantagen. Da kauften die Spanier Menschen in Afrika. Die Spanier brachten diese Menschen als **Sklaven** mit Schiffen nach Amerika. Dieselben Schiffe transportierten dann Tabak, Zucker, Baumwolle und Kaffee von Amerika nach Europa. In Europa wurden die Schiffe mit Werkzeugen und Waffen aus Metall, Alkohol und Stoffen beladen. Die Händler fuhren nach Afrika und kauften noch mehr Sklaven. Die Schiffe fuhren immer im Dreieck über den Atlantik. Darum nennt man diesen Handel **Dreieckshandel**.

1 der Tabak	2 die Werkzeuge
3 die Baumwolle	4 der Alkohol
5 der Kaffee	6 die Waffen
7 die Sklaven	8 die Stoffe
9 der Zucker	

3 **Was wurde im Dreieckshandel zwischen den Kontinenten transportiert? Lies den Text noch einmal und trage die Zahlen der „Waren" in die Pfeile ein.**

die Ananas, die Ananas/Ananasse
die Gerste, –
die Vanille, –
die Zigarre, die Zigarren
der Hafer, –
der Kakao, –
der Kaktus, die Kaktusse/Kakteen
der Kautschuk, die Kautschuke
der Mais, –
der Roggen, –
der Sklave, die Sklaven
der Truthahn, die Truthähne
das Dreieck, die Dreiecke
transportieren,
sie transportierten

Die Bevölkerung der Kolonien

Die Kolonien wurden von Spanien aus regiert. Der spanische König schickte Adlige nach Südamerika. Die Adligen sollten neue Städte gründen und die Kolonien für den König verwalten. Diese Menschen hatten in den Kolonien am meisten Macht und Reichtum. Außerdem kamen Händler und Handwerker aus Europa nach Amerika. Sie eröffneten Geschäfte in den neuen Städten.

Die meisten dieser Händler wurden auch bald reich. Die Händler und Handwerker blieben dauerhaft in den Kolonien und nannten sich auf Spanisch „**criollos**". Die Nachkommen der eingeborenen Bevölkerung und die Sklaven aus Afrika dagegen waren sehr arm. Sie mussten am härtesten arbeiten und hatten die wenigsten Rechte. Außerdem wurde eine neue Gruppe von Menschen erfunden, die sogenannten „**Mestizen**". So wurden Menschen genannt, wenn einige ihrer Großeltern aus Europa stammten und andere in Südamerika oder Afrika geboren waren. Die Mestizen wurden mit weniger Respekt behandelt als die „criollos". Aber die Lage der Mestizen war immer noch etwas besser als die Lage der eingeborenen Landarbeiter oder die Lage der afrikanischen Sklaven. Man kann sagen, dass in den Kolonien der Wert eines Menschen an seiner Hautfarbe gemessen wurde.

4 Trage die Namen der Bevölkerungsgruppen in die Pyramide ein.

1. Spanier • 2. Criollos • 3. Mestizen • 4. Indios • 5. Sklaven

1. ____________
2. ____________
3. ____________
4. ____________
5. ____________

die Kolonie, die Kolonien
der Adlige, die Adligen
der Handwerker, die Handwerker
der Landarbeiter, die Landarbeiter
der Nachkomme, die Nachkommen

bleiben, sie blieben
erfinden, er/sie wurde erfunden (Passiv)
gemessen werden, er/sie wurde gemessen (Passiv)

nennen, sie wurden genannt (Passiv)
sich nennen, sie nannten sich
stammen, sie stammten
verwalten, sie verwalten

Auch die Alte Welt ändert sich

Die Informationen über die Abenteuer und Erfahrungen der Eroberer verbreiteten sich sehr schnell in Europa. Dazu trug eine neue Erfindung bei: der Buchdruck. Bisher hatte man Bücher mit der Hand abgeschrieben. Das dauerte sehr lange. Bücher waren teuer. Nur sehr reiche Menschen konnten sich diese Abschriften kaufen. Außerdem waren die meisten Bücher auf Lateinisch oder Griechisch verfasst. Nur wenige Menschen konnten diese Sprachen verstehen.

1468 erfand Johannes Gutenberg aus Mainz den Buchdruck mit beweglichen Lettern. Das heißt: die einzelnen Buchstaben wurden aus Metall hergestellt. Dann wurden sie auf einer Platte zu einer Buchseite zusammengesetzt. Mit dieser Platte konnte man dann eine große Zahl von Papierseiten bedrucken. Das ging viel schneller und war auch billiger. So konnten sehr viele Bücher hergestellt werden, und viel mehr Menschen konnten sich Bücher leisten. Man druckte auch Bücher auf Deutsch, auf Englisch, auf Spanisch und so weiter. Auch viele Seefahrer und Entdecker schrieben Bücher über ihre Erlebnisse.

Manche Leute sagen, dass der Buchdruck vor 550 Jahren das Leben der Menschen ebenso sehr verändert hat wie heute die Erfindung von Handy und Internet.

1 Die Erfindung des Buchdruckes 1468 hat viel verändert.
Lies die Sätze. Schreibe die Tabelle in dein Heft und trage die Sätze dann in die richtige Spalte der Tabelle ein. Es gehören immer 2 Sätze zusammen.

Es ging viel schneller, ein Buch herzustellen. •
~~Bücher mussten mit der Hand abgeschrieben werden.~~ •
~~Bücher wurden mit beweglichen Lettern gedruckt.~~ •
Bücher waren sehr teuer. •
Es dauerte sehr lange, ein Buch herzustellen. •
Bücher wurden immer billiger.

vor 1468	nach 1468
Bücher mussten mit der Hand abgeschrieben werden.	*Bücher wurden mit beweglichen Lettern gedruckt.*

die Abschrift, die Abschriften
die Buchseite, die Buchseiten
die Erfindung, die Erfindungen
die Letter, die Lettern
das Abenteuer, die Abenteuer
der Buchstabe, die Buchstaben
bedrucken, sie bedrucken
beitragen, er/sie trug bei
drucken, er/sie druckte
erfinden, er/sie erfand
sich leisten, sie leisteten sich
sich verbreiten, sie verbreiteten sich

Ein neuer Blick auf das Weltall

Kolumbus, Magellan und die übrigen Seefahrer hatten praktisch bewiesen, dass die Erde eine Kugel ist. Aber die Menschen glaubten, dass die Erde die Mitte des Weltalls wäre. Man dachte, dass sich die Sonne und die anderen Planeten um die Erde drehten. Dies nennt man heute „geozentrisches Weltbild“. Das heißt: eine Vorstellung von der Welt mit der Erde als Mittelpunkt.

Der Wissenschaftler Kopernikus beobachtete die Sterne und stellte fest, dass das geozentrische Weltbild nicht stimmen konnte. Nach seinen Berechnungen musste die Sonne im Mittelpunkt stehen, die Erde und alle anderen Planeten drehten sich um die Sonne. Nur so ließen sich die Bewegungen der Sterne erklären. 1543 schrieb Kopernikus ein Buch über seine Entdeckung. Aber nur wenige Menschen beachteten das Buch.
Dieses Weltbild mit der Sonne als Mittelpunkt nennt man „heliozentrisches Weltbild“.
Ungefähr 90 Jahre später betrachtete der italienische Astronom Galileo Galilei die Sterne.
Galileo Galilei besaß ein besonders gutes Teleskop.
Seine Beobachtungen bestätigten die Ergebnisse von Kopernikus.

1 **Schreibe die Sätze an die richtige Stelle in der Tabelle.**

~~In der Mitte ist die Sonne.~~ • Die Erde bewegt sich. •
Die Sonne und die Planeten drehen sich um die Erde. •
Die Erde bewegt sich nicht. • In der Mitte ist die Erde. •
Die Erde und die anderen Planeten drehen sich um die Sonne.

geozentrisches Weltbild	heliozentrisches Weltbild
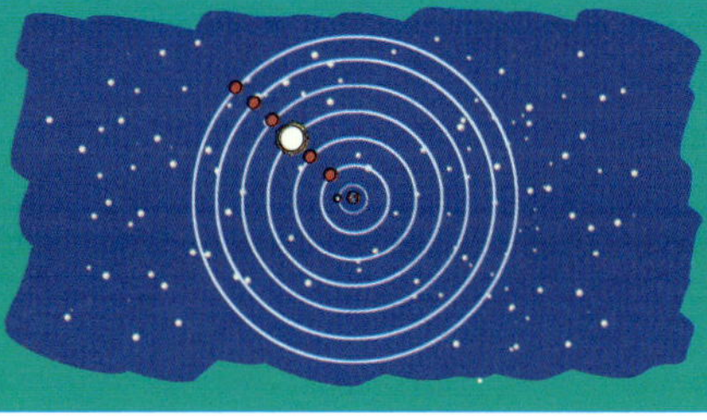	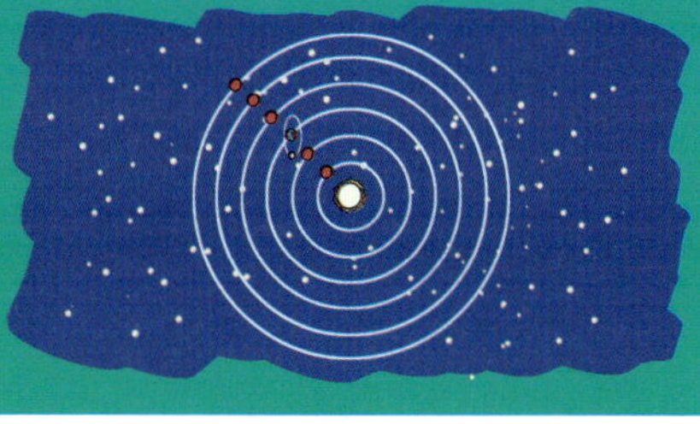
	In der Mitte ist die Sonne.

die Berechnung, die Berechnungen
der Astronom, die Astronomen
der Planet, die Planeten
der Wissenschaftler, die Wissenschaftler
das Teleskop, die Teleskope
besitzen, er/sie besaß
beweisen, sie bewiesen
sich bewegen, er/sie bewegt sich
sich drehen, sie drehten sich
sich erklären lassen, sie ließen sich erklären

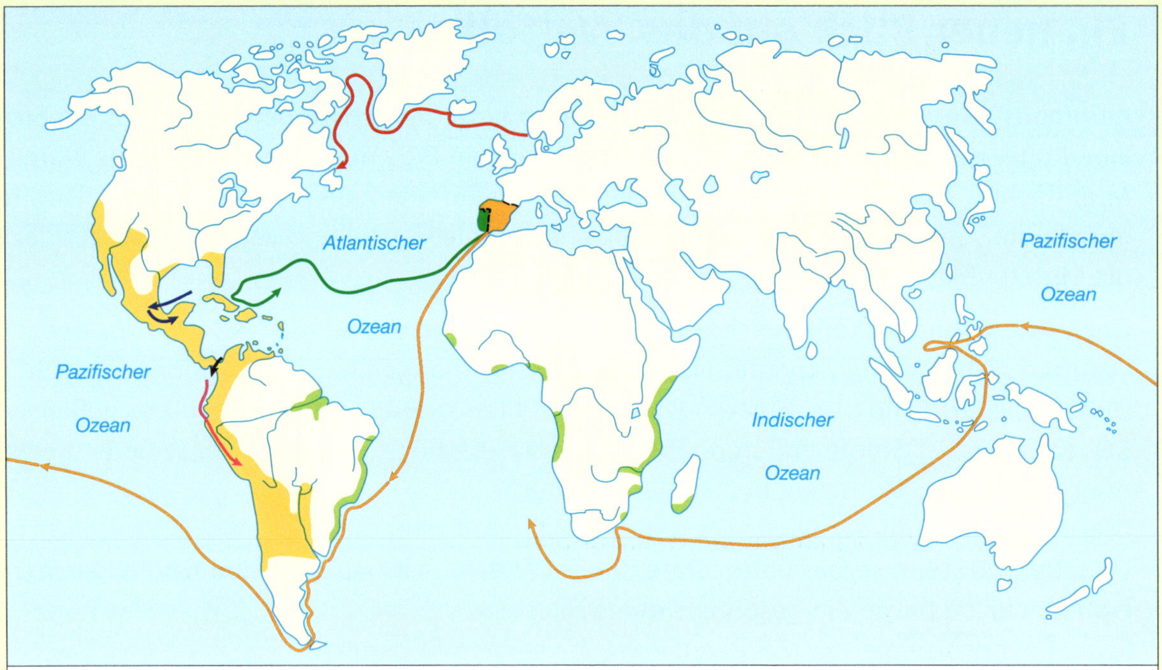

1 Schreibe die Namen der Entdecker und Eroberer neben die passenden Farben.

Nuñez • Erikson • Cortés • Magellan • Kolumbus • Pizarro

2 Sind diese Aussagen richtig oder falsch? Kreuze an.

	richtig	falsch
In Amerika gab es mehrere Hochkulturen.	☐	☐
Die Hauptstadt der Inka hieß Tenochtitlan.	☐	☐
Die Maya hatten eine eigene Schrift.	☐	☐
Mit Terrassenfeldern und Bewässerung konnten viele Menschen ernährt werden.	☐	☐
Die Indianer waren alle gleich.	☐	☐

3 Bilde korrekte Aussagen. Schreibe die Sätze in dein Heft.

Der Buchdruck wurde	von vielen Menschen gekauft.
Die einzelnen Buchstaben wurden	von Kopernikus beobachtet.
Die gedruckten Bücher wurden	von Johannes Gutenberg erfunden.
Die Sterne wurden	von Galileo bestätigt.
Die Beobachtungen des Kopernikus wurden	aus Metall gegossen.

 ☺ das kann ich gut ☺ das kann ich einigermaßen ☹ das muss ich noch üben

das hilft mir	neue Wörter	in meiner Sprache
	die Landkarte, die Landkarten	
	die Ostküste, –	
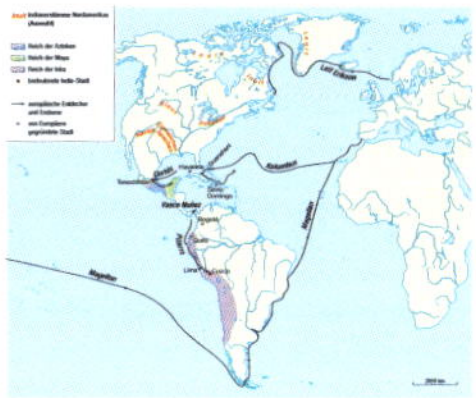	die Westküste, –	
	der Horizont, die Horizonte	
	landen, er/sie landete	
	erobern, er/sie eroberte	
	die Hochkultur, die Hochkulturen	
	die Kolonie, die Kolonien	
	die Lebensweise, die Lebensweisen	
	der Nachkomme, die Nachkommen	
	der Sklave, die Sklaven	
	das Bergwerk, die Bergwerke	
	ausrotten, er/sie rottete aus	
	Handel treiben, er/sie trieb Handel	
	die Abschrift, die Abschriften	
	die Erfindung, die Erfindungen	
	die Letter, die Lettern	
	der Buchdruck, –	
	der Buchstabe, die Buchstaben	
	drucken, er/sie druckte	
	erfinden, er/sie erfand	
	die Berechnung, die Berechnungen	
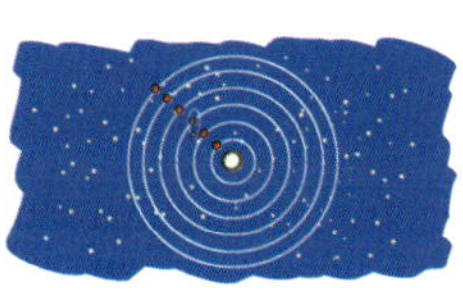	der Astronom, die Astronomen	
	der Planet, die Planeten	
	der Wissenschaftler, die Wissenschaftler	

3 Wetter und Klima

1 Herzliche Grüße aus Peru!

Vielen Dank für eure Gastfreundschaft! Wir denken gerne an die schöne Zeit bei euch zurück.

Eure Gastschüler

2 Herzliche Grüße aus Tunesien!

Wir haben gestern einen Ausflug in die Wüste gemacht. Es war sehr heiß aber total spannend!

Maren

3 Schöne Grüße aus Schweden!

Es ist sehr kalt hier, aber die Fahrt mit dem Hundeschlitten hat Spaß gemacht.

Bis bald!

Malte

4 Viele Grüße von der Ostsee!

Hier ist es sonnig, aber das Wasser ist sehr kalt. Ich war mit meinem Vater gestern angeln, das hat Spaß gemacht.

Tim

5 Herzliche Grüße aus Spanien!

Hier ist es schön warm und das Mittelmeer ist ganz toll! Ich habe viele Muscheln gesammelt.

Eure Tina

Erfan: Seht nur, so viele Grußkarten. Da ist sogar eine Postkarte aus Peru!

Lena: Ja, das haben die Gastschüler geschickt. Sie haben letztes Jahr unseren Schulchor besucht. Vielleicht klappt es mit dem Schüleraustausch und wir können auch einmal dorthin fahren. Ich würde so gerne den Regenwald sehen!

Hassan: Mich würde ein Land mit kaltem Klima interessieren. Ich habe gelesen, dass man in Nordeuropa, zum Beispiel in Schweden, Hundeschlitten fahren kann.

Amina: Dort ist es sehr kalt. Aber ans Mittelmeer nach Spanien, wo auch Tina im Urlaub war, würde ich auch gerne hinfahren. In Südeuropa ist es immer warm …

Eden: Mir gefällt es hier in Deutschland ganz gut, im Sommer ist es nicht zu heiß und im Winter ist es nicht zu kalt. Im Sommer würde ich gerne an die Ostsee fahren.

Max: Ja, aber den Herbst mag ich gar nicht. So viel Wind und Regen! Ich würde am liebsten gar nicht aus dem Haus gehen.

1 Worüber sprechen die Schüler?

2 Welcher Gruß passt zu welcher Grußkarte? Trage die Nummern ein.

die Wüste, die Wüsten
der Herbst, –
der Regen, die Regen

der Regenwald, die Regenwälder
der Sommer, –
der Wind, die Winde

das Klima, die Klimata/Klimas
das Wetter, die Wetter
es ist heiß/warm/kalt

3 Was würden die Schüler gerne tun? Bilde Sätze. Schreibe die Sätze in dein Heft.

Lena Max Amina Eden Hassan	würde gerne	den Regenwald sehen. mit dem Hundeschlitten fahren. nach Spanien fahren. an die Ostsee fahren. im Herbst gar nicht aus dem Haus gehen.

Wetter und Klima: Wetter ist immer und überall. An jedem Ort auf der Erde und zu jeder Zeit gibt es Wetter. Sonnenschein, Regen oder Wind, große Hitze oder große Kälte. Man kann dem Wetter in der Natur nicht entgehen. Wetter setzt sich aus verschiedenen Elementen zusammen: **Temperatur**, **Niederschlag** und **Wind** sind die wichtigsten Elemente. Wenn man das Wetter in einem bestimmten Gebiet über einen längeren Zeitraum beobachtet und misst, dann kann man etwas über das Klima in diesem Gebiet aussagen. Klima ist also das Zusammenwirken aller Wetterzustände, die an einem Ort möglich sind.

4 Richtig oder falsch? Kreuze an.

	richtig	falsch
Wetter gibt es nur im Sommer.	☐	☐
Überall auf der Erde gibt es Wetter.	☐	☐
Wetter setzt sich aus Temperatur, Niederschlag und Wind zusammen.	☐	☐
Wenn man Wetter in einem Gebiet über einen längeren Zeitraum beobachtet, dann erfährt man etwas über das Klima.	☐	☐
Wenn man Wetter in einem Gebiet über einen sehr kurzen Zeitraum beobachtet, dann erfährt man etwas über das Klima.	☐	☐

5 Was gehört zum Niederschlag? Was gehört zur Temperatur? Ordne die Wörter in die richtige Spalte ein.

der Niederschlag	die Temperatur

der Regen • die Sonne • der Schnee • die Wärme • die Regenwolke • die Hitze • feucht, nass, regnerisch, trocken • warm, kalt, heiß • wird gemessen in: mm (Millimeter) • wird gemessen in: °C (Grad Celsius)

die Hitze, –
die Kälte, –
die Wolke, die Wolken

der Niederschlag, die Niederschläge
der Schnee, –
das Gebiet, die Gebiete

beobachten, er/sie beobachtet
messen, er/sie misst / er/sie wird gemessen (Passiv)

Entstehung der Klimazonen

1 **Ergänze in der Abbildung die folgenden Begriffe.**

1. der Nordpol • 2. die kalte Zone • 3. die heiße Zone • 4. der Äquator • 5. die gemäßigte Zone • 6. der Südpol

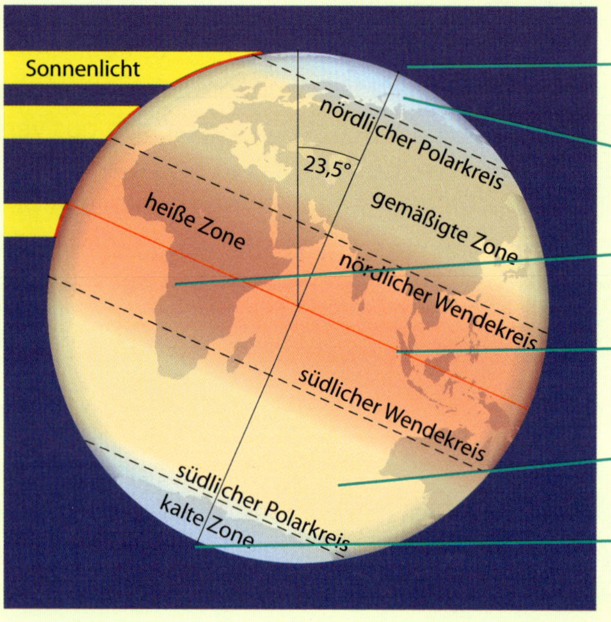

1. ____________________
2. ____________________
3. ____________________
4. ____________________
5. ____________________
6. ____________________

Klimazonen sind Gebiete, in denen ähnliche Klimabedingungen herrschen. Die einzelnen Klimazonen unterscheiden sich sehr voneinander. In der einen Zone ist es sehr heiß, in der anderen Zone ist es sehr kalt. In manchen Gebieten regnet es fast täglich und in anderen Gebieten fällt mehrere Jahre überhaupt kein Regen. Warum ist es so?

Die Sonne wärmt die Erde – die Temperaturzonen

Weil die Erde eine Kugelgestalt hat, treffen die Sonnenstrahlen in unterschiedlichem Winkel auf die Erdoberfläche. Am Äquator fallen die Sonnenstrahlen sehr steil bis senkrecht auf die Erdoberfläche.
Aus diesem Grund konzentriert sich die Sonnenenergie auf eine kleine Fläche.
Diese Fläche heizt sich sehr stark auf. Am Nordpol und am Südpol fallen die Sonnenstrahlen in einem flachen Winkel auf die Erdoberfläche.
Aus diesem Grund verteilt sich die Sonnenenergie auf einer großen Fläche.
Diese Fläche erwärmt sich sehr gering.

2 **Richtig oder falsch? Kreuze an.**

	richtig	falsch
Die Erdoberfläche am Äquator heizt sich sehr stark auf.	☐	☐
Die Sonnenstrahlen fallen am Äquator ganz flach auf die Erdoberfläche.	☐	☐
Am Nordpol und am Südpol kann sich die Erdoberfläche nur gering erwärmen.	☐	☐
Die Sonnenstrahlen fallen am Nordpol und am Südpol in einem flachen Winkel auf die Erde.	☐	☐

Der Passatkreislauf

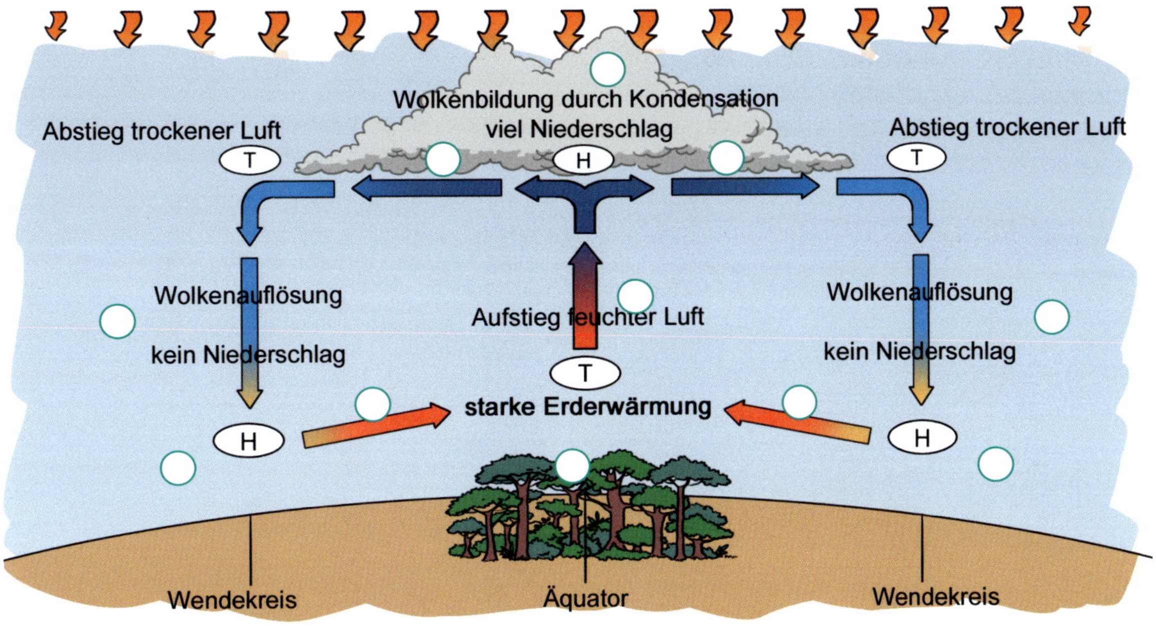

3 **Lies die folgenden Sätze.**

Wie kommt es, dass es am Äquator fast täglich regnet?
Warum regnet es in den Trockenzonen fast gar nicht?

1. Am Äquator erwärmt sich die Erdoberfläche stark und diese Fläche erwärmt die darüber liegende Luft. Warme Luft kann Feuchtigkeit sehr gut speichern.
2. Die erwärmte Luft steigt auf und es bildet sich am Boden ein Gebiet mit tiefen Luftdruck (T).
3. Kalte Luft kann Feuchtigkeit kaum speichern. Der Wasserdampf kondensiert (verflüssigt sich) und es entstehen Gewitterwolken.
4. Nach dem Regen strömt die kühle Luft in die Richtung der Wendekreise.
5. An den Wendekreisen sinkt die Luft ab und die Luft erwärmt sich. Die Wolken lösen sich auf.
6. Durch das Absinken der Luftmassen entsteht am Boden ein Gebiet mit hohem Luftdruck (H).
7. Luftmassen bewegen sich vom Hochdruckgebiet zum Tiefdruckgebiet: Von den Wendekreisen (H) fließen die Luftmassen deshalb wieder in Richtung Äquator (T). Damit ist der Passatkreislauf geschlossen.

4 **Trage die Nummern 1 bis 7 an die passende Stelle in die Grafik ein.**

die Klimazone, die Klimazonen
die Kondensation,
die Kondensationen
die Luftmasse, die Luftmassen
die Regenwolke, die Regenwolken
die Richtung, die Richtungen
der Äquator, –
der Passatkreislauf, –

der Wasserdampf, –
der Wendekreis,
die Wendekreise
das Hochdruckgebiet,
die Hochdruckgebiete
das Tiefdruckgebiet,
die Tiefdruckgebiete
absinken, er/sie sinkt ab

entstehen, er/sie entsteht
kondensieren, er/sie kondensiert
sich aufheizen, er/sie heizt sich auf
sich auflösen, er/sie löst sich auf
sich bilden, es bildet sich
sich erwärmen, er/sie erwärmt sich
sich verteilen, er/sie verteilt sich
schließen, er/sie ist geschlossen

Die Klimazonen der Erde

Die Klimazonen umspannen gürtelartig die Erde.
Jede Klimazone hat eine typische Vegetation.

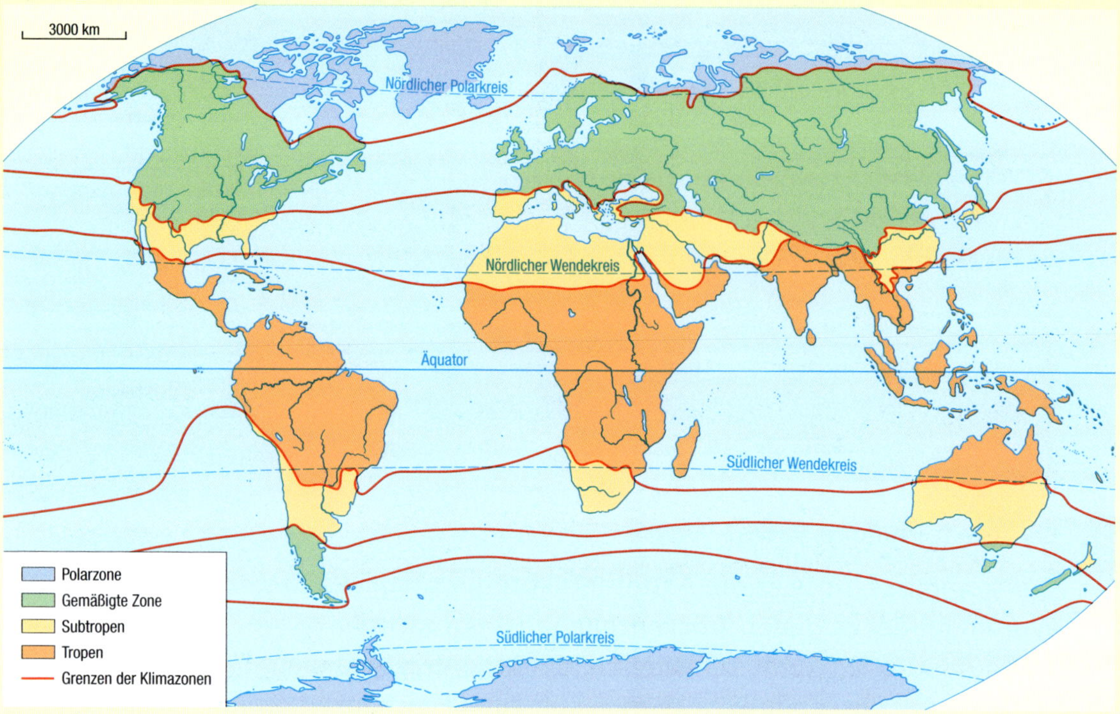

Die Klimazonen

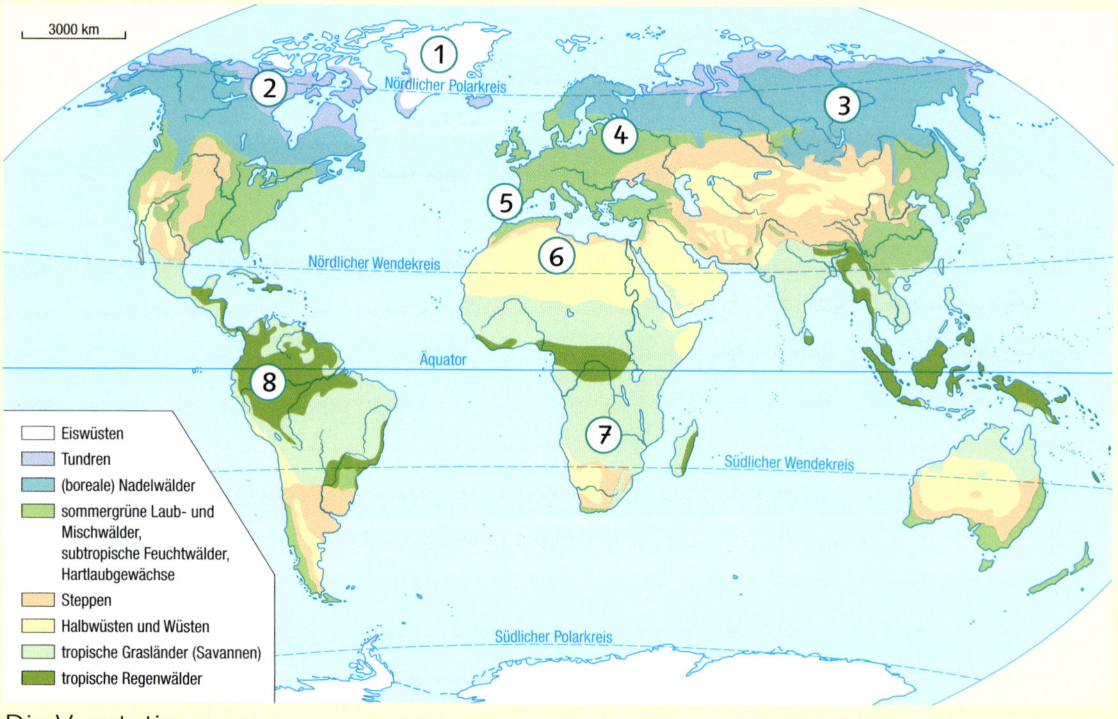

Die Vegetationszonen

1 Vergleiche die beiden Karten. Welche Aussage ist richtig?

- ☐ Die Klimazonen und die Vegetationszonen auf den Karten stimmen fast überein.
- ☐ Die Klimazonen und die Vegetationszonen auf den Karten passen gar nicht zusammen.

2 Sieh dir die Bilder und die Karte 2 an.
Wo befinden sich die Landschaften?

1

2

3

4

5

6

7

8

3 Lies die Legende in der Karte 2.
Schreibe die passende Bezeichnung der Vegetation unter jedes Bild.

die Eiswüste, die Eiswüsten
die Landschaft, die Landschaften
die Polarzone, die Polarzonen
die Savanne, die Savannen
die Steppe, die Steppen
die Subtropen (nur im Plural)
die Tropen (nur im Plural)
die Tundra, die Tundren
die Vegetation, die Vegetationen
die Vegetationszone, die Vegetationszonen
der Laubwald, die Laubwälder
der Mischwald, die Mischwälder
der Nadelwald, die Nadelwälder
der Regenwald, die Regenwälder
umspannen, sie umspannen
gürtelartig
typisch

Merkmale der Klimazonen

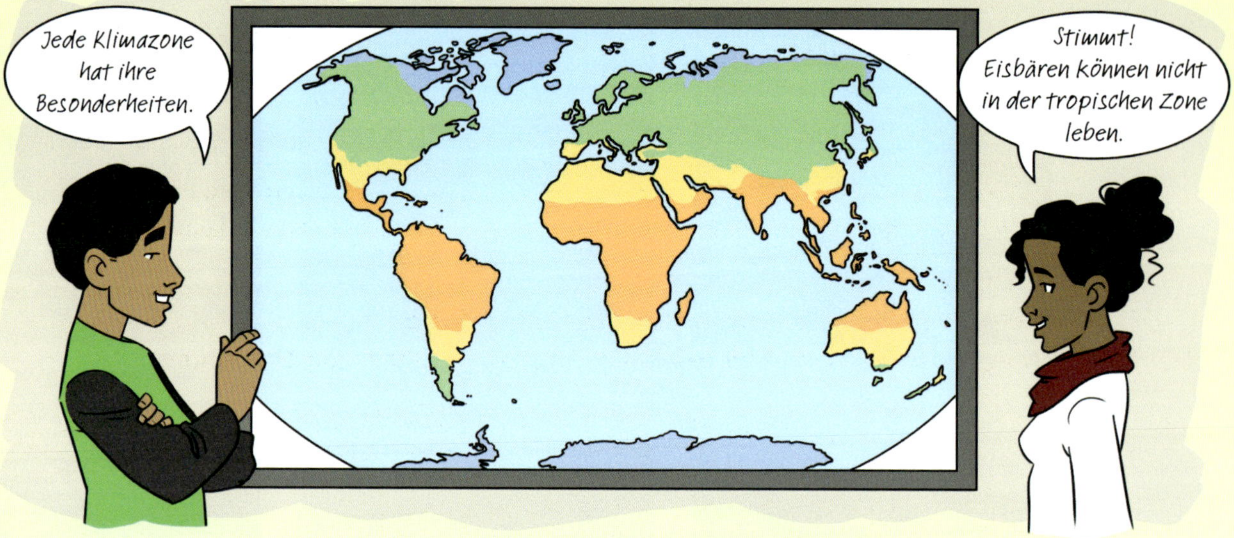

Polarzone und subpolare Zone • gemäßigte Zone • Subtropen • Tropen

Die Polarzone: Die Polarzonen befinden sich am Nordpol bis zum nördlichen Polarkreis (Arktis) und am Südpol bis zum südlichen Polarkreis (Antarktis). In den Polarzonen ist es sehr kalt und trocken. Die Polargebiete der Erde sind Kältewüsten. Die Temperaturen liegen das ganze Jahr um 0 °C. Es gibt wenig Niederschläge. Hier überleben nur einige Moosarten. Am Nordpol leben Eisbären und Robben.

Die subpolare Zone: Die subpolare Zone bildet den Übergang zwischen der Polarzone und der gemäßigten Zone. In der subpolaren Zone sind die Winter trocken und lang. Die Sommer sind kurz und kalt. Es gibt keinen deutlichen Jahreszeitenwechsel. Die Jahresmitteltemperatur bleibt unter 0 °C. Die Jahresniederschläge bleiben unter 300 mm. Es gibt Dauerfrostböden. Die typische Vegetationsform ist die Tundra. In der subpolaren Zone leben zum Beispiel Elche.

Die gemäßigte Zone: In der gemäßigten Zone gibt es einen großen Unterschied zwischen den Jahreszeiten. Die Vegetation ist im Norden durch boreale (nördliche) Nadelwälder geprägt. Weiter südlich wird die Vegetation durch Mischwälder und Laubwälder geprägt. In den Laubwäldern leben zum Beispiel Wildschweine, Rehe und Füchse. Es gibt einen deutlichen Wechsel von 4 Jahreszeiten. Es fällt eine mittlere Menge an Regen. Der größte Teil von Europa liegt in der gemäßigten Zone.

Die Subtropen: Die Subtropen bilden den Übergang zwischen der gemäßigten Zone und der tropischen Zone. Typisch für diese Klimazone sind die hohe Sommerwärme und die mäßige Winterwärme. Die subtropische Zone kann man in trockene Subtropen und in feuchte Subtropen unterteilen. Je nachdem, wie viel Niederschlag in einem Gebiet fällt, ändert sich die Vegetation. Im Mittelmeerraum findet man zum Beispiel Pinien, Zypressen, Zedern und Lorbeerwälder. In Nordafrika findet man die trockene Savanne und auch völlig fehlende Vegetation in den Wüsten. In der Wüste leben unter anderem Kamele.

Die Tropen: Die Tropen liegen um den Äquator zwischen den Wendekreisen. In den Tropen befinden sich die Gebiete mit dem meisten Regen. In den immerfeuchten Gebieten wächst der Regenwald. Dort herrscht ein Tageszeitenklima: die täglichen Temperaturschwankungen sind größer als die jährlichen Temperaturschwankungen. Im Regenwald leben zahlreiche Pflanzenarten und Tierarten, zum Beispiel Affen, Papageien, Frösche. In den Gebieten der Savanne leben Giraffen, Zebras und Nashörner.

1 Bilde richtige Sätze. Schreibe die Sätze in dein Heft.

In der Polarzone In der gemäßigten Zone In der subtropischen Zone In der tropischen Zone	gibt es 4 Jahreszeiten. wächst der Regenwald. gibt es feuchte Gebiete (Mittelmeerküste) und auch sehr trockene Gebiete (Wüsten). überleben nur Moose und Flechten.
Wo es kaum regnet und immer kalt ist, Wo es viel regnet und warm genug ist,	wachsen viele Pflanzen. wachsen kaum (keine) Pflanzen.

2 Sieh noch einmal in den Text auf der linken Seite. Welche Tiere leben in welchen Klimazonen? Ergänze die Tiernamen.

______________ leben im nördlichen Polargebiet.

______________ leben im Laub- und Mischwald.

______________ leben im Regenwald.

______________ leben auf der Tundra.

______________ leben in der Wüste.

______________ leben in der Savanne.

3 Lies noch einmal den Text auf der linken Seite. Um welche Klimazonen handelt es sich?

Hier gibt es Kältewüsten. Das sind ______________________________ .

Hier gibt es 4 Jahreszeiten. Das sind ______________________________ .

Hier herrscht ein Tageszeitenklima. Das sind ______________________________ .

die Giraffe, die Giraffen
die Jahreszeit, die Jahreszeiten
die Robbe, die Robben
die Savanne, die Savannen
der Affe, die Affen
der Eisbär, die Eisbären
der Elch, die Elche
der Frosch, die Frösche
der Fuchs, die Füchse
der Papagei, die Papageien
das Kamel, die Kamele
das Nashorn, die Nashörner
das Reh, die Rehe
das Tageszeitenklima, die Tageszeitenklimata/Tageszeitenklimas
das Wildschwein, die Wildschweine
immerfeucht

Klimadiagramme lesen und auswerten

Klimadiagramme helfen, das Klima an einem bestimmten Ort der Erde festzustellen und zu analysieren. Zusätzlich können sie helfen, die jeweilige Klimazone des Ortes zu bestimmen. Klimadiagramme zeigen die durchschnittlichen Temperaturwerte und die Summe der Niederschlagswerte an einem bestimmten Ort verteilt auf die 12 Monate des Jahres. Klimadiagramme beinhalten viele Elemente.

1 Sieh dir die Elemente eines Klimadiagramms an. Trage die Nummern ein.

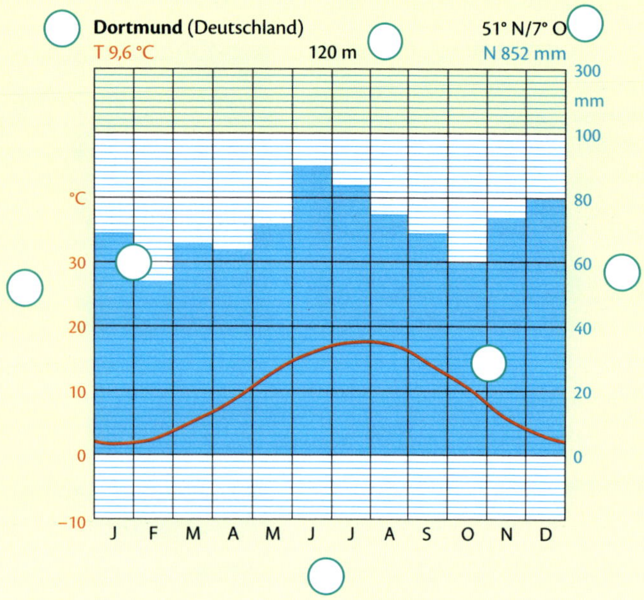

Elemente eines Klimadiagramms

1 Name der Klimastation (Ort, an dem das Wetter gemessen wird)
2 Höhe über dem Meeresspiegel (wird in Metern = m angegeben)
3 Lage im Gradnetz (wird in Grad = ° und Himmelsrichtungen N, S, O und W angegeben)
4 Temperaturachse (Temperatur = T wird in °C = Grad Celsius angegeben)
5 Achse des Niederschlags (Niederschlag = N wird in Millimetern = mm angegeben)
6 Anfangsbuchstaben der Monate
7 Temperaturkurve
8 Säulen der monatlichen Niederschlagsmenge

Was bedeutet „mittlere Jahrestemperatur"?

Man berechnet die mittlere Jahrestemperatur (oder Jahresdurchschnittstemperatur) aus den 12 Monatsmittelwerten. Die Jahresdurchschnittstemperatur ist die Summe der Temperatur im gesamten Jahr geteilt durch die 12 Monate. Wenn die mittlere Jahrestemperatur hoch ist, dann handelt es sich um einen warmen Ort (zum Beispiel Rio de Janeiro/Brasilien). Wenn die durchschnittliche Jahrestemperatur niedrig ist, dann ist es ein kalter Ort (zum Beispiel Ottawa/Kanada).

2 Was zeigt ein Klimadiagramm? Kreuze die richtige Antwort an.

- ☐ Ein Klimadiagramm zeigt das Wetter an einem bestimmten Ort.
- ☐ Ein Klimadiagramm zeigt die Temperaturwerte und Niederschlagswerte an einem bestimmten Ort verteilt auf die 12 Monate des Jahres.

3 Sieh dir das Klimadiagramm an.

a Um welchen Ort geht es? ______________________________

b Wo im Gradnetz liegt der Ort? ______________________________

4 Werte das Klimadiagramm von Seite 36 aus. Bilde Sätze und schreibe sie auf.

In den Monaten von Januar bis Juli In den Monaten von Juli bis Dezember	steigt sinkt	die Temperaturkurve auf … Grad Celsius.
	nimmt	die Niederschlagsmenge zu. die Niederschlagsmenge ab.

5 Lies die Werte im Klimadiagramm ab. Beantworte die folgenden Fragen.

a In welchem Monat ist die Temperatur besonders hoch?

Im Monat ______ . Die Temperatur beträgt ______ Grad Celsius.

b In welchem Monat ist die Temperatur besonders niedrig?

Im Monat ______ . Die Temperatur beträgt ______ Grad Celsius.

c In welchem Monat fällt besonders viel Niederschlag?

Im Monat ______ . Es fällt ______ mm Niederschlag.

d In welchem Monat fällt besonders wenig Niederschlag?

Im Monat ______ . Es fällt ______ mm Niederschlag.

6 In welcher Klimazone liegt der Ort? Schlage auf Seite 32 oder in einem Atlas nach.

Dieser Ort liegt in der ______ Zone.

die Achse, die Achsen
die Himmelsrichtung, die Himmelsrichtungen
die Höhe, die Höhen
die Klimastation, die Klimastationen
die Niederschlagsmenge, die Niederschlagsmengen

die Säule, die Säulen
die Temperaturkurve, die Temperaturkurven
der Meeresspiegel, –
das Element, die Elemente
das Gradnetz, die Gradnetze
das Klimadiagramm, die Klimadiagramme

abnehmen, er/sie nimmt ab
betragen, er/sie beträgt
zunehmen, er/sie nimmt zu
° = Grad
°C = Grad Celsius
mm = Millimeter
N = Niederschlag
T = Temperatur

1 Beschreibe die Klimazonen. Bilde Sätze und schreibe in dein Heft.

In der Polarzone	gibt es	4 Jahreszeiten.
In der gemäßigten Zone		Kältewüsten mit sehr wenig Niederschlag.
In der tropischen Zone		ein Tageszeitenklima mit viel Niederschlag.
Die subtropische Zone	bildet den Übergang	zwischen der polaren und der gemäßigten Zone.
Die subpolare Zone		zwischen der gemäßigten und der tropischen Zone.

2 Richtig oder falsch? Kreuze an.

	richtig	falsch
Jede Klimazone hat eine typische Vegetation.	☐	☐
In der gemäßigten Zone gibt es nur eine Vegetationszone.	☐	☐
Wo es viel regnet und warm genug ist, wachsen viele Pflanzen.	☐	☐
In der tropischen Zone gibt es 4 Jahreszeiten.	☐	☐
Der größte Teil von Europa liegt in der gemäßigten Zone.	☐	☐

3 Beschrifte die Grafik mit den passenden Begriffen.

H (das Hochdruckgebiet) (3 x) • T (das Tiefdruckgebiet) (3 x) • die Wolkenbildung • die Wolkenauflösung (2 x) • viel Niederschlag • kein Niederschlag (2 x)

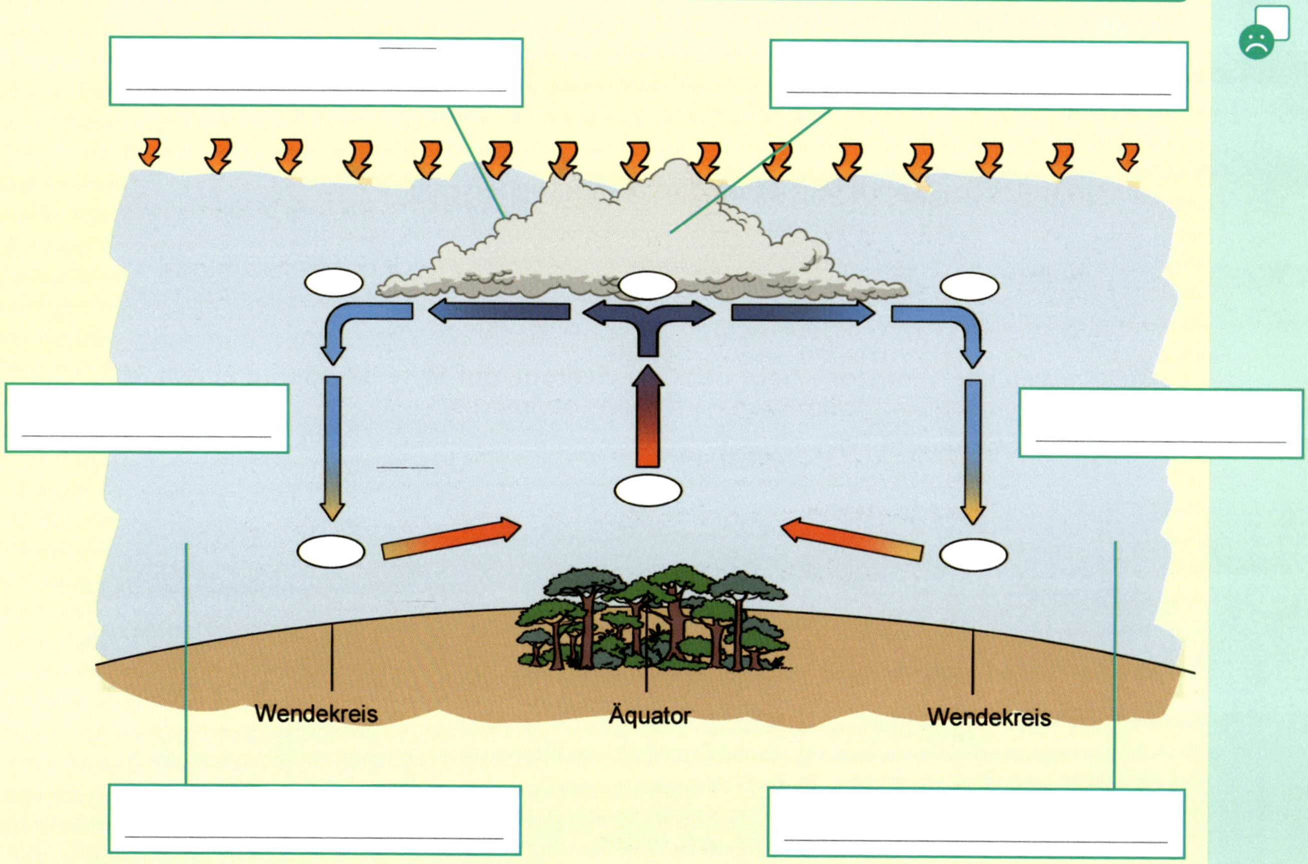

☺ das kann ich gut ☺ das kann ich einigermaßen ☹ das muss ich noch üben

das hilft mir	neue Wörter	in meiner Sprache
	die Hitze, –	
	die Kälte, –	
	die Kondensation, die Kondensationen	
	die Temperatur, die Temperaturen	
	die Wärme, –	
	die Wolke, die Wolken	
	der Niederschlag, die Niederschläge	
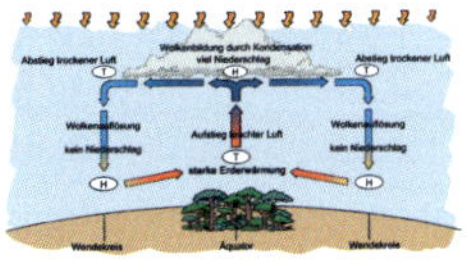	der Passatkreislauf, –	
	der Regen, –	
	der Schnee, –	
	der Wind, die Winde	
	das Hochdruckgebiet, die Hochdruckgebiete	
	das Klima, die Klimas/Klimata	
	das Tiefdruckgebiet, die Tiefdruckgebiete	
	das Wetter, –	
	sich bilden, er/sie bildet sich	
	entstehen, er/sie entsteht	
	die Jahreszeit, die Jahreszeiten	
	die Klimazone, die Klimazonen	
	die Polarzone, die Polarzonen	
	die Savanne, die Savannen	
	die Tageszeit, die Tageszeiten	
	die Tropen (nur im Plural)	
	die Tundra, die Tundren	
	die Vegetation, die Vegetationen	
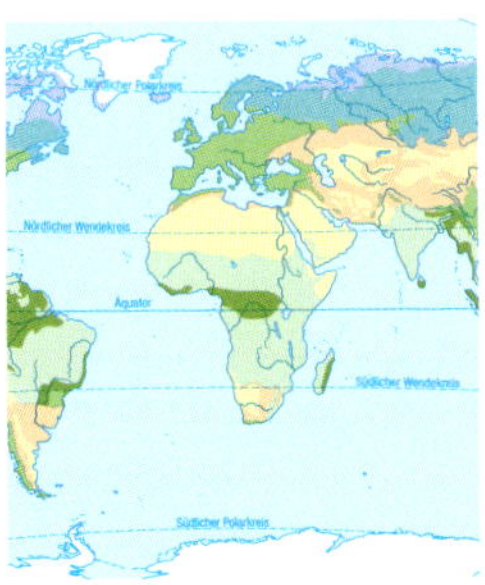	die Vegetationszone, die Vegetationszonen	
	die Wüste, die Wüsten	
	der Regenwald, die Regenwälder	
	der Wendekreis, die Wendekreise	
	gemäßigt	
	kalt, kälter, am kältesten	
	polar, subpolar	
	tropisch, subtropisch	
	warm, wärmer, am wärmsten	

4 Medien in der Demokratie

das Buch,

1 Ordne die Wörter richtig zu.

die Zeitung • das Internet • das Smartphone • der Laptop • ~~das Buch~~

2 Bilde Sätze. Schreibe in dein Heft.

Hassan surft	die Zeitung.
Amina hört Musik	ein Buch.
Erfan spielt	mit dem Smartphone.
Max liest	im Internet.
Lena spielt	mit dem Laptop.
Eden liest	mit dem Smartphone.

die Demokratie, die Demokratien
die Zeitung, die Zeitungen
der Laptop, die Laptops
das Internet, –
das Medium, die Medien
im Internet surfen, er/sie surft im Internet
mit dem Smartphone spielen, er/sie spielt mit dem Smartphone

3 Beantworte folgende Fragen.

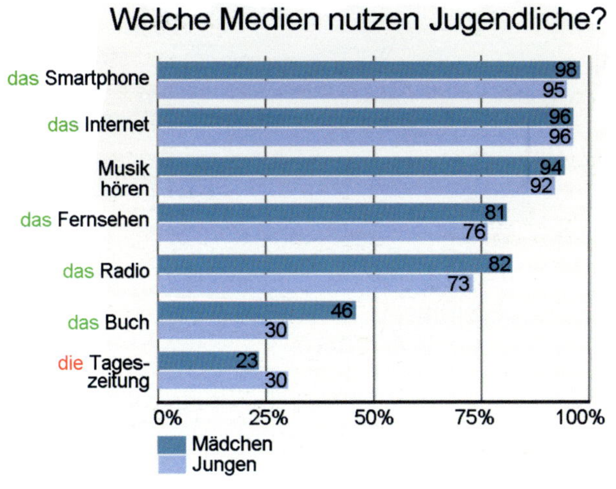

Welches Medium wird von Mädchen am meisten genutzt?

Von Mädchen wird ______________________

____

am meisten genutzt.

Welches Medium wird von Jungen am meisten genutzt?

Von Jungen wird ______________________

____

am meisten genutzt.

4 Werte die Statistik aus. Kreuze die richtige Antwort an.

Tipp: Diese Fragen stellt man immer, wenn man eine Statistik auswertet.

a Was zeigt uns diese Statistik?
- ☐ Die Statistik zeigt, welche Medien Erwachsene nutzen.
- ☐ Die Statistik zeigt, welche Medien Jugendliche nutzen.
- ☐ Die Statistik zeigt, welche Handyspiele Jugendliche nutzen.

b Bei welchem Medium gibt es Unterschiede zwischen Jungen und Mädchen?
- ☐ Große Unterschiede gibt es bei Computerspielen und Büchern.
- ☐ Keine Unterschiede gibt es zwischen Jungen und Mädchen.
- ☐ Große Unterschiede gibt es bei der Nutzung von Büchern.

c Was wird durch die Statistik deutlich? Hier kannst du mehrere Kreuze machen.
- ☐ Es wird deutlich, dass Jugendliche gerne das Smartphone benutzen.
- ☐ Es wird deutlich, dass Mädchen gerne Computerspiele spielen.
- ☐ Es wird deutlich, dass Mädchen lieber Bücher lesen als Jungen.

5 Bei der Auswertung einer Statistik geht man immer gleich vor. Ordne die Schritte dem Text in Aufgabe 4 zu.

1. Orientierung • 2. Beschreibung • 3. Auswertung

die Auswertung, die Auswertungen
die Beschreibung, die Beschreibungen
die Einleitung, die Einleitungen
die Interpretation, die Interpretationen
die Nutzung, die Nutzungen
die Statistik, die Statistiken
nutzen, er/sie wird genutzt (Passiv)

Die Aufgaben der Medien

Die Medien erfüllen verschiedene Aufgaben.
Eine wichtige Aufgabe der Medien ist die **Information**.
Die Nachrichten vermitteln Informationen, die man persönlich nicht erhalten kann, weil man zum Beispiel nicht vor Ort ist.
Eine weitere Aufgabe der Medien ist die **Meinungsbildung**. Die Medien ermöglichen, dass die Menschen sich eine Meinung zu einem Ereignis, zu einem aktuellen Problem oder zu einer Person bilden können.
Medien überprüfen auch, ob sich die Politiker und andere verantwortliche Personen korrekt verhalten. Das nennt man **Kontrolle**.
Die Medien bringen auch Beiträge zu allgemein bildenden Themen und zu kulturellen Themen. Medien vermitteln Wissen und Erfahrungen. Eine wichtige Aufgabe der Medien ist die **Bildung**. Und die Medien haben auch noch eine andere Aufgabe: die **Unterhaltung**. Zur Unterhaltung gehören die Sendungen mit Musik und Humor, Reiseberichte, Sportberichte und vieles mehr. Zur Unterhaltung gehören Sendungen, die die Zuschauer amüsieren und begeistern.

1 Lies den Text. Was sind die 5 Aufgaben der Medien?
Verbinde die Aufgaben der Medien mit der richtigen Erklärung.

Information	Medien zeigen die verschiedenen Meinungen zu einem Problem.
Meinungsbildung	Nachrichten informieren über alles, was in der Welt passiert.
Kontrolle	Medien zeigen Sendungen, die Spaß machen und die interessant sind.
Bildung	Medien decken Probleme auf und sie kontrollieren die Arbeit von Politikern.
Unterhaltung	Medien vermitteln Wissen über Kultur und über viele andere Themen.

2 Kreuze die richtige Antwort an.

Die Nachrichten vermitteln uns …

- ☐ Informationen.
- ☐ Rezepte.
- ☐ Tickets.

Medien überprüfen …

- ☐ das Wetter.
- ☐ die Mathetests.
- ☐ ob sich Politiker korrekt verhalten.

Medien unterhalten die Menschen durch …

- ☐ Chats.
- ☐ durch Wissen und Erfahrungen.
- ☐ durch Musik und Sportberichte.

3 Ergänze die Aufgaben der Medien.

Unterhaltungsfunktion • Meinungsbildungsfunktion • Informationsfunktion • Kontrollfunktion • Bildungsfunktion

Die ______________________ bedeutet, dass Nachrichten über alles informieren, was in der Welt passiert.

Die ______________________ bedeutet, dass Medien die verschiedenen Meinungen zu einem Problem zeigen.

Die ______________________ bedeutet, dass Medien Probleme aufdecken und die Arbeit von Politikern kontrollieren.

Die ______________________ bedeutet, dass Medien Wissen über Kultur und über viele andere Themen vermitteln.

Die ______________________ bedeutet, dass Medien Sendungen zeigen, die Spaß machen und die interessant sind.

4 Max und Amina haben Schlagzeilen aus der Schülerzeitung gesammelt. Ordne den folgenden Schlagzeilen jeweils eine Funktion von Aufgabe 3 zu.

Das Wetter am Montag

____

Tipp: Eine Schlagzeile ist die Überschrift von einem Zeitungsartikel.

Schulleitung will den Schulkiosk schließen! Die Klassensprecher fordern eine Diskussion mit den Schülern!

____

Die neuen Tierbabys im Zoo: Wir zeigen erste Bilder!

____

Handyverbot in der Schule, ja oder nein? Wir haben die Schüler befragt!

____

Richtig Lernen: Wir zeigen euch die besten Tipps!

____

die Bildung, –
die Information, die Informationen
die Kontrolle, die Kontrollen
die Meinungsbildung, –
die Nachricht, die Nachrichten

die Schlagzeile, die Schlagzeilen
die Sendung, die Sendungen
die Unterhaltung, –
der Beitrag, die Beträge
der Bericht, die Berichte

amüsieren, sie amüsieren
aufdecken, sie decken auf
begeistern, sie begeistern
kontrollieren, sie kontrollieren
vermitteln, sie vermitteln

Die Pressefreiheit

Journalisten müssen in Deutschland keine Angst haben, dass sie verhaftet werden, weil sie Politiker oder andere mächtige Personen kritisieren. Sie dürfen schreiben, ohne dass sie von einem Chef, von Politikern oder von Leserinnen und Lesern gezwungen werden. So werden Probleme aufgedeckt.

Die Pressefreiheit im Grundgesetz

Artikel 5 im Grundgesetz:	Erklärung
„(1) Jeder hat das Recht, seine Meinung in Wort, Schrift und Bild frei zu äußern“.	In Deutschland darf jeder seine Meinung über die Politik frei sagen. Das nennt man auch Meinungsfreiheit.
„Die Pressefreiheit und die Freiheit der Berichterstattung durch Rundfunk und Film werden gewährleistet.“	Die Medien dürfen über alles berichten. Niemand anderes darf bestimmen, worüber die Medien berichten. Auch der Staat darf das nicht.
„(2) Diese Rechte finden ihre Schranken in den Vorschriften der allgemeinen Gesetze.“	Die Medien müssen sich auch an die Gesetze halten. Die Medien dürfen nicht lügen, sie dürfen andere Menschen nicht beleidigen und sie dürfen anderen Menschen auch nicht drohen.

1 Was dürfen Medien? Was müssen Medien tun?
Erstelle eine Tabelle. Bilde Sätze und schreibe sie in dein Heft.

~~ihre Meinung frei sagen~~ • ~~verschiedene Meinungen darstellen~~ • alle Politiker kritisieren • über alle Probleme berichten • die Wahrheit schreiben • sich an die Gesetze halten • die Menschen informieren

Medien dürfen …	Medien müssen …
Die Medien dürfen ihre Meinung frei sagen.	*Die Medien müssen verschiedene Meinungen darstellen.*

2 Lies den Zeitungsartikel.

Wie <u>berichtet wird</u>, <u>wurde</u> der Bürgermeister Meier gestern Abend <u>verhaftet</u>. Dem Bürgermeister <u>wird</u> Korruption <u>vorgeworfen</u>. Ermittlungen haben ergeben, dass der Bürgermeister hohe Geldsummen vom Konzern X bekommen hat. Als Gegenleistung hat der Konzern X den Auftrag für den Bau der Straßenbahn-Trasse erhalten. Viele Politiker sind in diesen Skandal verwickelt. Die Namen der Politiker <u>werden</u> bald <u>bekanntgegeben</u>.

3 Dieser Zeitungsartikel erfüllt hier 2 Funktionen. Kreuze an.

- ☐ Kritikfunktion
- ☐ Unterhaltungsfunktion
- ☐ Bildungsfunktion
- ☐ Informationsfunktion

4 Forme die Sätze um.

Passiv	man-Sätze
Wie berichtet wird …	*Wie man berichtet …*
… wurde der Bürgermeister Meier gestern Abend verhaftet.	
Dem Bürgermeister wird Korruption vorgeworfen.	
Die Namen der Politiker werden bald bekanntgegeben.	

5 Soll die Zeitung berichten? Lies die Informationen und die Meinungen von Amina und Erfan.

Ich finde, die Zeitung sollte nicht berichten. Denn das schadet dem Unternehmen.

Ich finde, die Zeitung sollte berichten. Denn dieser Skandal muss aufgedeckt werden.

Journalisten erhalten geheime Unterlagen von einer Firma. In den Unterlagen steht, dass die Firma seit Jahren heimlich Schadstoffe in den Fluss leitet. Damit verstößt die Firma gegen Umweltgesetze.

6 Bewerte jetzt selbst. Schreibe deine Meinung in dein Heft.

Firma verstößt gegen Gesetze • Zeitung hat Kontrollfunktion • Leute verlieren den Arbeitsplatz

Ich finde, die Zeitung sollte berichten / sollte nicht berichten. Denn …

die Meinungsfreiheit, –
die Pressefreiheit, –
das Grundgesetz, –
aufdecken, sie werden aufgedeckt (Passiv)

bekanntgeben, er/sie gibt bekannt
sich an das Gesetz halten, er/sie hält sich an das Gesetz
berichten, er/sie berichtet
vorwerfen, er/sie wirft vor

verhaften, er/sie wurde verhaftet (Passiv), er/sie hat verhaftet
zwingen, er/sie wird gezwungen (Passiv)

1 **Welche Aufgaben haben Medien? Schreibe sie auf.**

Die Aufgaben von Medien sind:

2 **Welche Funktion erfüllen diese Schlagzeilen?**
Schreibe die Funktion auf die freie Zeile.

Wir zeigen euch die besten Kinofilme des Monats!

Hier sind die wichtigsten Termine im neuen Schuljahr!

Soll die Schule eine Stunde später beginnen?
Hier sind die wichtigsten Argumente!

3 **Was dürfen Medien und was müssen Medien? Schreibe 3 Sätze.**

4 **Soll die Zeitung berichten? Lies den Fall und begründe deine Meinung.**
Schreibe in dein Heft.

Eine Zeitung berichtet über den Star einer berühmten Mädchenband. In dem Bericht steht, dass die Sängerin ein Bandmitglied beleidigt hat. Die Zeitung schreibt, sie hat die Informationen von Bekannten der Sängerin. War es o.k., dass die Zeitung darüber schreibt?

Das ist eine interessante Geschichte. •
Die Zeitung sagt nicht die Wahrheit. •
Das ist privat und die Information unwichtig. •
Die Information ist sehr wichtig.

Ich finde, die Zeitung sollte berichten / sollte nicht berichten. Denn ...

 ☺ das kann ich gut 😐 das kann ich einigermaßen ☹ das muss ich noch üben

das hilft mir	neue Wörter	in meiner Sprache
	die Zeitung, die Zeitungen	
	das Buch, die Bücher	
	das Internet, –	
	das Fernsehen, –	
	das Medium, die Medien	
	das Radio, die Radios	
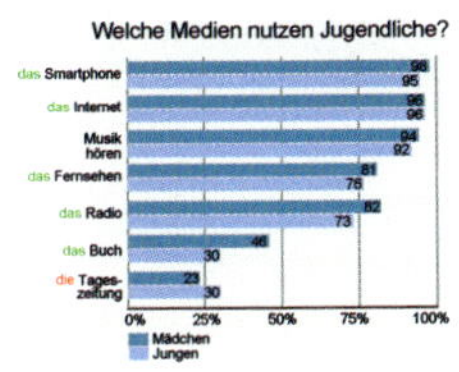	die Auswertung, die Auswertungen	
	die Interpretation, die Interpretationen	
	die Statistik, die Statistiken	
	auswerten, er/sie wertet aus	
	die Aufgabe, die Aufgaben	
	die Information, die Informationen	
	die Kontrolle, die Kontrollen	
	die Meinungsbildung, –	
	die Nachricht, die Nachrichten	
	die Unterhaltung, –	
	die Korruption, die Korruptionen	
	die Kritik, die Kritiken	
	die Meinungsfreiheit, –	
	die Pressefreiheit, –	
	der Journalist, die Journalisten	
	das Grundgesetz, –	
	aufdecken, er/sie deckt auf	
	berichten, er/sie berichtet	
	bestimmen, er/sie bestimmt	
	sich an das Gesetz halten, er/sie hält sich an das Gesetz	
	vermitteln, er/sie vermittelt	

5 Das 20. Jahrhundert

Im 20. Jahrhundert ist viel passiert

1. ______________________________

2. ______________________________

3. ______________________________

4. ______________________________

5. ______________________________

6. ______________________________

1 Schreibe zu jeder Abbildung die richtige Überschrift.

1. Der Imperialismus • 2. Der Erste Weltkrieg • 3. Die Weimarer Republik • 4. Hitler und der Nationalsozialismus • 5. Der Zweite Weltkrieg • 6. Die Gründung der UNO

die Abbildung, die Abbildungen
die Gründung, die Gründungen
die Überschrift, die Überschriften
die UNO, –

die Republik, die Republiken
der Imperialismus, –
der Nationalsozialismus, –
der Weltkrieg, die Weltkriege

der Erste Weltkrieg, –
der Zweite Weltkrieg, –
das Jahrhundert,
die Jahrhunderte

Die Aufteilung der Welt

In Europa wuchs die Bevölkerung um das Jahr 1900. Die Städte wurden größer. Immer mehr Arbeiter arbeiteten in Fabriken.
Diesen Prozess nennt man **Industrialisierung**.

Für die Arbeit in den Fabriken brauchte man viele Rohstoffe, zum Beispiel Baumwolle. Man fand viele dieser Rohstoffe in Asien und Afrika. Deshalb unterwarfen die industrialisierten Länder große Teile Asiens und Afrikas und sie gründeten dort Kolonien. Eine Kolonie ist ein Land, das von einem anderen Staat kontrolliert wird. Diese Aufteilung der Welt nennt man **Imperialismus**.

2 Ordne die Kolonien den europäischen Ländern zu. Schreibe 8 Sätze.

Belgisch-Kongo wurde von Belgien kontrolliert.
Algerien wurde von Frankreich kontrolliert.
wurde von Italien kontrolliert.
wurde von kontrolliert.

die Aufteilung, die Aufteilungen
die Bevölkerung, die Bevölkerungen
die Fabrik, die Fabriken
die Industrialisierung, –
die Kolonie, die Kolonien

der Arbeiter, die Arbeiter
der Imperialismus, –
der Prozess, die Prozesse
der Rohstoff, die Rohstoffe
finden, er/sie fand

gründen, sie gründeten
kontrollieren,
er/sie wird kontrolliert (Passiv)
unterwerfen, sie unterwarfen
wachsen, er/sie wuchs

Der Erste Weltkrieg (1914–1918)

1. Alle industrialisierten Länder wollten Kolonien in Besitz nehmen. Dabei kam es jedoch zum Streit zwischen den Ländern. Frankreich und das Deutsche Reich wollten zum Beispiel beide Marokko als Kolonie haben. So wurden das damalige Deutschland und Frankreich Feinde.

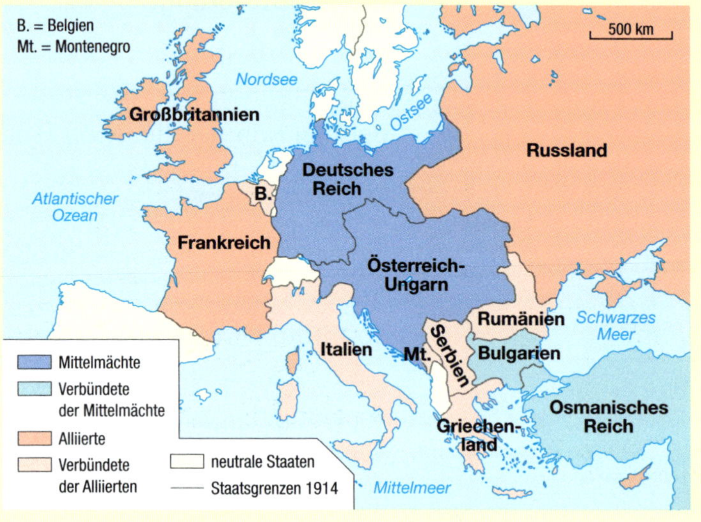

2. Außerdem gaben die Länder schon vor 1914 sehr viel Geld für Kriegsschiffe und für Waffen aus. Alle glaubten, dass es bald einen Krieg geben wird. Jedes Land wollte dafür genug Waffen besitzen. Einige Länder hatten die gleichen Feinde. Sie schlossen sich zu Bündnissen zusammen. In einem Bündnis verspricht ein Land einem anderen Land an seiner Seite zu kämpfen, wenn ein Bündnispartner angegriffen wird.

3. Im Ersten Weltkrieg konnte kein Kriegsland den Gegner schnell besiegen. 4 Jahre lang kämpften die Soldaten gegeneinander. Sie gruben sich in Schützengräben und in Bunkern ein. Die Soldaten kämpften sehr hart um jeden Meter Land, aber die Frontlinie veränderte sich kaum. Diese Art von Krieg nennt man **Stellungskrieg**.

4. Entscheidend für den Sieg war etwas anderes: Das Land, das die meisten Waffen produzierte, konnte die Gegner besiegen. Deshalb wurde die gesamte Wirtschaft der Länder auf die Produktion von Waffen umgestellt. Das nennt man **Kriegswirtschaft**. Viele Frauen arbeiteten nun in Fabriken, um Bomben und Waffen herzustellen.

5. Im Jahr 1917 traten die USA in den Ersten Weltkrieg ein. Sie stellten sich auf die Seite der Alliierten. Nun hatten die Alliierten viel mehr Waffen und Munition als die Mittelmächte. Zu den Mittelmächten gehörten Deutschland und Österreich-Ungarn. Nach dem Eintritt der USA mussten die Mittelmächte den Krieg verlieren.

1 In welchem Absatz findest du diese Information? Trage die Nummer des Absatzes ein.

- ☐ Deutschland und Frankreich wollten beide Marokko als Kolonie haben.
- ☐ Wer am meisten Waffen und Munition produzierte, konnte den Gegner besiegen.
- ☐ Die Soldaten gruben sich in Schützengräben und Bunkern ein.
- ☐ Die Alliierten hatten mehr Waffen und Munition. Deshalb haben sie gesiegt.

2 Lies den Text oben genau. Verbinde die Bündnispartner in der Karte.

3 Ergänze die Namen der Bündnispartner in der Tabelle.

Die Alliierten	Die Mittelmächte
____________ war mit ____________ und ____________ verbündet.	Das ____________ war mit ____________ verbündet.
Im Jahr 1917 traten die ____________ auf der Seite der Alliierten in den Krieg ein.	

In vielen Ländern meldeten sich junge Männer als Soldaten. Alle glaubten daran, dass ihr Land schnell gewinnen wird und dass sie schnell wieder zu Hause sein werden. Die jungen Männer hatten vorher noch nie einen Krieg erlebt. Sie dachten, dass Krieg ein Abenteuer ist.

4 Sieh dir noch einmal in den Text und die Männer auf dem Bild an. Wie wirken die Männer auf dich? Kreuze an.

	richtig	falsch
Die Männer lachen und rufen etwas. Sie wirken aufgeregt.	☐	☐
Die Männer werfen vor Freude ihre Hüte in die Luft. Sie sind fröhlich.	☐	☐
Die Männer machen sich Sorgen über ihre Zukunft. Sie sind nachdenklich.	☐	☐
Die Männer wissen genau, was Krieg ist. Sie sind gelangweilt.	☐	☐
Die Männer glauben, dass der Krieg ein Abenteuer ist. Sie sind begeistert.	☐	☐
Die Männer sind sich sicher, dass sie den Krieg gewinnen werden.	☐	☐
Sie sind zuversichtlich.	☐	☐

Die Hoffnung der jungen Männer erfüllte sich nicht. Am Ende des Krieges waren viele Soldaten kriegsmüde. Sie hatten keine Kraft mehr zum Kämpfen. Man schätzt, dass 10 Millionen Menschen im Ersten Weltkrieg gestorben sind. Viele Männer kamen verletzt von der Front zurück. Sie fühlten sich von den politischen Führern betrogen.

die Frontlinie, die Frontlinien
der Allliierte, die Alliierten
der Feind, die Feinde
der Schützengraben, die Schützengräben
der Stellungskrieg, die Stellungskriege
das Bündnis, die Bündnisse

angreifen, er/sie wird angegriffen (Passiv)
ausgeben, sie gaben aus
eintreten, sie traten ein
in Besitz nehmen, sie nehmen in Besitz
sich betrogen fühlen, sie fühlten sich betrogen

sich eingraben, sie gruben sich ein
sich zusammenschließen, sie schlossen sich zusammen
umstellen, er/sie wurde umgestellt (Passiv)
begeistert
kriegsmüde
nachdenklich
zuversichtlich

Die Weimarer Republik (1918–1933)

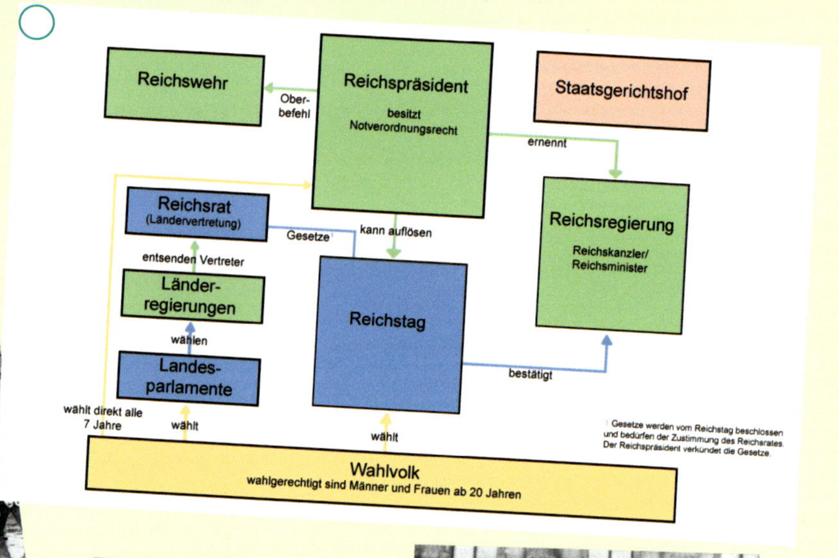

1 **Welcher Textabschnitt (1.–7.) passt zu welchem Bild?**
Schreibe die Nummer zu dem passenden Bild.

1. Wilhelm II. regierte das Land. Er war Kaiser des Deutschen Reiches und er bestimmte die Politik allein. Deutschland war bis 1918 eine Monarchie.
2. Deutschland hatte den Krieg fast verloren. Trotzdem sollten die Soldaten weiterkämpfen. Die Matrosen auf den Kriegsschiffen wollten nicht für einen verlorenen Krieg sterben und protestierten deshalb.
3. Die Matrosen demonstrierten und forderten, dass der Krieg beendet werden sollte. Viele andere Soldaten und deutsche Bürger unterstützten ihre Idee.
4. In vielen deutschen Städten gingen tausende Menschen auf die Straße. Der Kaiser flüchtete nach Holland. Deutschland war nun eine Republik.
5. Die Politiker trafen sich 1919 in der Stadt Weimar. Sie schrieben eine neue demokratische Verfassung für Deutschland.
6. Deutschland hatte nun ein Parlament. Das Volk wählte Abgeordnete und bestimmte die Regierung. Zum ersten Mal durften auch Frauen wählen.

Viele Menschen freuten sich darüber, dass der Krieg zu Ende war. Zwischen 1924 und 1929 ging es vielen Menschen besser. Neue Fabriken wurden gebaut. Die Menschen bekamen mehr Gehalt und sie konnten viele Dinge kaufen. Im Oktober 1929 änderte sich diese Situation. Die Wirtschaft der USA geriet in eine Krise. Viele deutsche Fabriken hatten sich von den USA Geld geliehen. Die USA brauchten das Geld zurück. Weil viele Fabriken das Geld nicht zurückzahlen konnten, mussten sie schließen. Die Arbeiter verloren ihre Arbeit. Sie verdienten kein Geld mehr und konnten ihre Familien kaum ernähren.

Viele Menschen gaben der Regierung die Schuld an dieser Situation.
Die Nationalsozialistische Deutsche Arbeiterpartei (NSDAP) war gegen die Weimarer Republik und die NSDAP war gegen die Demokratie. Ihr Anführer Adolf Hitler versprach, dass er alle Probleme lösen könnte. Viele Menschen glaubten ihm.

2 Die Diagramme zeigen die Zahl der Arbeitslosen und die Wählerstimmen für die NSDAP. Übertrage die Zahlen aus den Diagrammen in die Tabelle.

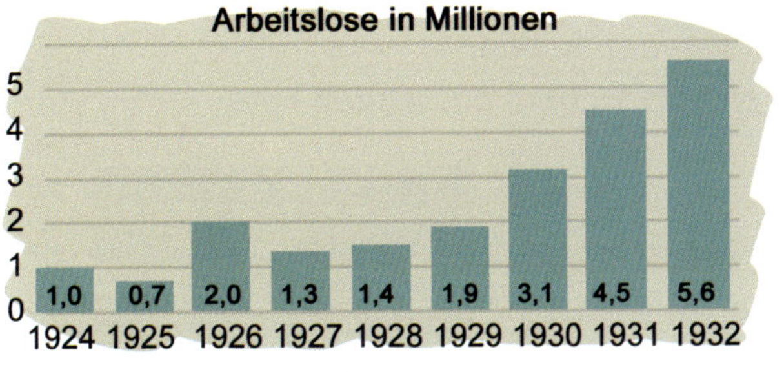

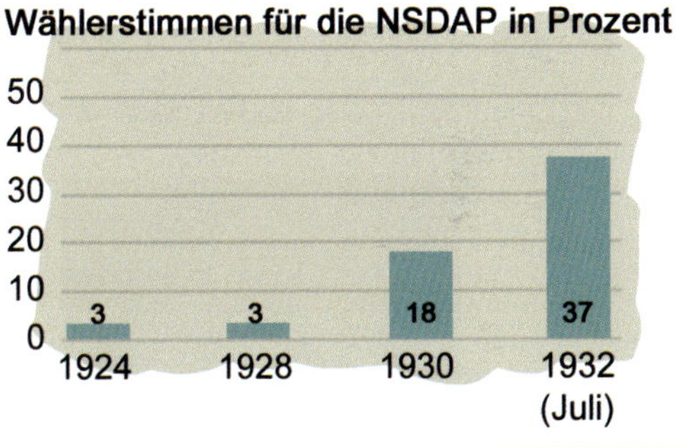

Jahr	1924	1928	1930	1932
Arbeitslose in Millionen				
Wählerstimmen für die NSDAP in Prozent				

Bei den Wahlen von 1932 erhielt die NSDAP die meisten Stimmen. Die NSDAP war jetzt die stärkste Partei im Parlament. Im Januar 1933 wurde Adolf Hitler zum Reichskanzler ernannt. Schritt für Schritt schaffte Hitler die Verfassung ab und er errichtete eine Diktatur. In einer Diktatur regiert nur eine Person oder eine kleine Gruppe. Keiner kann die Regierung kontrollieren. Das Parlament hat nichts zu sagen. Oft ist es verboten, der Regierung zu widersprechen.

die/der Abgeordnete, die Abgeordneten
die Krise, die Krisen
die Monarchie, die Monarchien
die Republik, die Republiken
die Verfassung, die Verfassungen
der Anführer, die Anführer
der Kaiser, die Kaiser
der Matrose, die Matrosen
der Reichskanzler, die Reichskanzler

das Gehalt, die Gehälter
abschaffen, er/sie schaffte ab
bestehen, er/sie bestand
demonstrieren, sie demonstrierten
erhalten, er/sie erhielt
ernennen, er/sie wurde ernannt (Passiv)
errichten, er/sie errichtete
flüchten, er/sie flüchtete
gehen, sie gingen

geraten, er/sie geriet
kontrollieren, er/sie kontrolliert
regieren, er/sie regierte
Schuld geben, sie gaben Schuld
sich leihen, sie hatten sich geliehen
sich treffen, sie trafen sich
unterstützen, sie unterstützten
verlieren, sie verloren
widersprechen, er/sie widerspricht
nationalsozialistisch

Leben in der nationalsozialistischen Diktatur

Für Hitler und seine Anhänger konnte es nur ein deutsches Volk geben. Hitler und seine Anhänger bestimmten, wer zum deutschen Volk gehörte. Die Menschen, die für Hitler und seine Anhänger zum deutschen Volk gehörten, wurden „Volksgenossen" genannt. In vielen Reden behauptete Hitler, dass das deutsche Volk besser und stärker wäre als andere Völker. **Diese Reden hielt Hitler vor vielen Menschen.** Die Menschen grüßten ihn mit dem „Hitlergruß", sie klatschten und sie jubelten. In der Menge fühlten sich die Zuhörer stark und sicher. Hitlers Reden wurden im Radio übertragen. Radiogeräte waren billig, damit möglichst viele Menschen diese Reden hören konnten. **Schon die Kinder sollten sich daran gewöhnen, Hitler zu folgen.** Es gab Jugendorganisationen für Jungen und Mädchen. Die Kinder und Jugendlichen trafen sich nachmittags. Sie machten Spiele und sangen Lieder. An den Wochenenden machten sie Ausflüge. **Die Jungen durften auch mit Gewehren schießen.** Das fanden sie aufregend. Die Jungen merkten nicht, dass sie damit auf einen Krieg vorbereitet wurden.

1 **Lies den Text. Einige Sätze sind hervorgehoben.**
Schreibe jeden hervorgehobenen Satz zu dem passenden Foto.

Für Hitler und seine Anhänger konnte es nur ein deutsches Volk geben.

Juden werden zu Feinden gemacht

Mehrere Gruppen von Menschen gehörten für Hitler und seine Anhänger nicht zu den „Volksgenossen", zum Beispiel kranke Menschen oder Sinti und Roma. Am meisten aber hassten die Nationalsozialisten die Menschen, die sie als „Juden" bezeichneten. Die Bezeichnung hatte nichts mit dem Glauben dieser Menschen zu tun. Viele dieser Menschen waren christlich getauft. Aber wenn die Großeltern oder Urgroßeltern der jüdischen Religion angehört hatten, dann sahen die Nationalsozialisten die Nachkommen auch als „Juden" an. Die Nationalsozialisten erließen eine ganze Reihe von Gesetzen, um die Juden aus der Gesellschaft auszuschließen.

In der Nacht vom 8. auf den 9. November 1938 wurden in ganz Deutschland Juden angegriffen. Über 1 000 Synagogen und Gebetshäuser wurden zerstört. Außerdem zerschlugen die Nationalsozialisten ungefähr 7 500 jüdische Läden und Geschäfte. 91 Menschen wurden ermordet, 30 000 Menschen wurden verhaftet. Sie wurden in sogenannten „Konzentrationslagern" festgehalten. Von diesen Lagern wurden nach und nach immer mehr in Deutschland gebaut. Viele Juden wurden nur unter der Bedingung freigelassen, dass sie mit ihren Familien Deutschland verließen. Über 320 000 Menschen mussten von 1933 bis 1939 aus ihrer Heimat fliehen und in anderen Ländern Schutz suchen.

2 Lies die Informationen. Schreibe dann zu den Fotos die richtige Jahreszahl.

1933: Juden durften keine Beamten mehr sein. Das heißt: viele jüdische Ärzte, Apotheker, Rechtsanwälte, Lehrer und Wissenschaftler verloren ihre Arbeit.

1935: Juden durften keine Nichtjuden heiraten. Viele Städte verboten Juden den Besuch von Bibliotheken, Schwimmbädern oder öffentlichen Parks.

1937: Jüdische Ärzte durften nur noch jüdische Patienten behandeln.

1938: Jüdische Kinder mussten ihre bisherigen Schulen verlassen und durften nur noch auf besondere jüdische Schulen gehen.

______

______

______

die Organisation, die Organisationen
die Synagoge, die Synagogen
der Jude, die Juden
der Nationalsozialist, die Nationalsozialisten
das Gebetshaus, die Gebetshäuser
ansehen, sie sahen an
erlassen, sie erließen
ermorden, sie wurden ermordet (Passiv)
freilassen, sie wurden freigelassen (Passiv)
halten, er/sie hielt
nennen, sie wurden genannt (Passiv)
sich treffen, sie trafen sich
übertragen, sie wurden übertragen (Passiv)
verlassen, sie verließen
vorbereiten, sie wurden vorbereitet (Passiv)
zerschlagen, sie zerschlugen
zerstören, sie wurden zerstört (Passiv)
zurücklassen, sie ließen zurück

Der Zweite Weltkrieg

Hitler war der Meinung, dass Deutschland vergrößert werden musste, wenn nötig mit Gewalt. Er plante, Krieg gegen Deutschlands Nachbarländer zu führen.

1 Wie viel Geld hat Deutschland von 1928 bis 1938 für Waffen und Soldaten („Wehrmacht") ausgegeben? Lies die Beträge aus dem Diagramm ab und trage sie in die Tabelle ein.

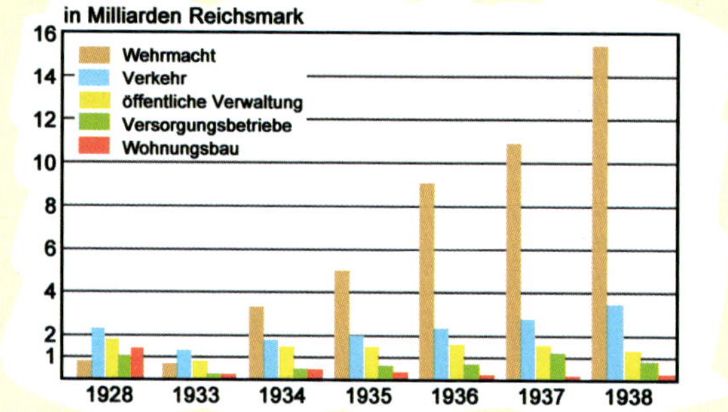

Jahr	Betrag in Milliarden (Mrd.) Reichsmark (RM)
1928	*fast 1 Mrd. RM*
1933	
1934	
1935	
1936	
1937	
1938	

Am 1.9.1939 überfiel die deutsche Armee Polen. Kurz danach marschierte die deutsche Armee in Frankreich und in den Niederlanden ein. Hitlers Luftwaffe warf Bomben auf Großbritannien, aber Hitler konnte Großbritannien nicht erobern. 1941 griff die deutsche Armee die Sowjetunion an. Es sah so aus, als ob Hitler mit seinen Plänen Erfolg hätte und ganz Europa erobern könnte.

2 Vergleiche diese Karte mit einer aktuellen Karte von Europa in deinem Atlas. Welche Länder wurden 1942 von deutschen Soldaten beherrscht? Schreibe die Namen in dein Heft.

Der Vernichtungskrieg

Hitlers Krieg war nicht nur ein „Eroberungskrieg", sondern er war auch ein „Vernichtungskrieg". Die deutschen Soldaten ermordeten Tausende von Menschen, vor allem in der Sowjetunion. Viele Frauen, Kinder und alte Menschen wurden getötet. Außerdem verhungerten viele Menschen, weil die Deutschen ihre Dörfer und Felder zerstörten und ihr Vieh töteten. Junge Leute wurden nach Deutschland verschleppt. In Deutschland waren sie in den Konzentrationslagern gefangen. Sie mussten in Fabriken arbeiten. Sie wurden sehr schlecht behandelt. Viele von ihnen starben. Insgesamt kamen im Krieg über 20 Millionen Einwohner der Sowjetunion ums Leben.

Jüdische Frauen und Kinder treffen im Sommer 1944 im Vernichtungslager Auschwitz ein.

Das Leben der Juden in Deutschland und in den besetzten Ländern wurde immer schwerer. Juden mussten ihre Häuser verlassen. Sie wurden in andere Länder gebracht und wurden in sogenannte „Gettos" eingesperrt. Alle Juden mussten einen gelben Stern an ihrer Kleidung tragen.

1942 beschlossen Hitler und seine führenden Mitarbeiter, alle Juden in Europa zu töten. In der Ukraine und in Polen wurden Lager gebaut. Die Juden wurden aus Deutschland und aus den besetzten Ländern mit dem Zug in die Lager gebracht. Dort wurden sie in Gruppen eingeteilt. Die stärksten Menschen mussten in den Lagern arbeiten. Alle anderen wurden sofort getötet. Sie wurden mit Gas vergiftet. Deshalb nennt man die Lager **Vernichtungslager**. Die Aufseher waren Leute von der Polizei, von der Armee und von der SS (die SS war eine Art Miliz).

Insgesamt wurden in den Lagern ungefähr 6 Millionen Juden und über 250 000 Sinti und Roma ermordet. Dieser Massenmord wird auch „Holocaust" genannt.

3 Sieh dir das Bild an und bilde korrekte Sätze. Schreibe die Sätze in dein Heft.

Auf dem Foto	tragen an ihrem Mantel einen Stern.
Die Menschen	sehen müde und traurig aus.
Hinter den Menschen	stehen in einer Reihe hintereinander.
Einige Frauen	tragen einen kleinen Beutel.
Manche Kinder	sieht man viele Frauen und Kinder.
Alle Menschen auf dem Foto	erkennt man Güterwagen.

die Luftwaffe, die Luftwaffen
die Sowjetunion, –
die Vernichtung, die Vernichtungen
der Aufseher, die Aufseher
der Massenmord, die Massenmorde
das Lager, die Lager

ausgeben, er/sie hat ausgegeben
aussehen, es sah aus
bringen, sie wurden gebracht (Passiv)
einmarschieren, er/sie marschierte ein
einsperren, sie wurden eingesperrt (Passiv)

erobern, er/sie erobert
überfallen, er/sie überfiel
vergiften, sie wurden vergiftet (Passiv)
vergrößern, er/sie vergrößert
verhungern, sie verhungerten
verschleppen, sie wurden verschleppt (Passiv)
zerstören, sie zerstörten

Das Ende des Krieges

Im Winter 1942/1943 wurde der deutsche Vormarsch nach Osten gestoppt. In der Nähe der russischen Stadt Stalingrad wurde ein großer Teil der deutschen Armee von russischen Soldaten eingekesselt. 150 000 deutsche Soldaten starben, 90 000 Soldaten wurden von der Sowjetunion gefangen genommen.

Im Westen kämpften Großbritannien und die USA gegen Deutschland. 1943 taten sich diese Länder mit der Sowjetunion zusammen. Alle 3 wurden die „Alliierten" (das heißt: die „Verbündeten") genannt. Britische und nordamerikanische Truppen landeten an den Küsten von Frankreich und Italien. Von Westen und Süden rückten sie auf Deutschland vor. Von Osten näherte sich die Armee der Sowjetunion. Die deutschen Truppen mussten sich immer weiter zurückziehen.

Alliierte Flugzeuge bombardierten deutsche Städte. Hitler und seine Anhänger wollten nicht aufgeben. Viele junge Menschen sind noch in den letzten Tagen des Krieges getötet worden. Die meisten Menschen in Deutschland waren verzweifelt. Sie warteten darauf, dass der Krieg endlich aufhörte. Am 30. April 1945 tötete Hitler sich selbst. Wenige Tage später, am 8. Mai, ergab sich das deutsche Militär. Das nennt man **Kapitulation**.

4 Welcher Satz passt zu welchem Bild?
Schreibe die richtige Nummer in die passenden Bilder.

1. Britische und nord-amerikanische Truppen landeten an der Küste von Frankreich. •
2. Viele junge Menschen wurden noch in den letzten Tagen des Krieges getötet. •
3. 90 000 deutsche Soldaten wurden von der Sowjetunion gefangen genommen. •
4. Alliierte Flugzeuge bombardierten deutsche Städte.

der Verbündete, die Verbündeten
einkesseln, er/sie wurde eingekesselt (Passiv)
gefangen nehmen, sie wurden gefangen genommen (Passiv)
sich nähern, er/sie näherte sich
sterben, sie starben
stoppen, er/sie wurde gestoppt (Passiv)
vorrücken, sie rückten vor

In den letzten Monaten des Krieges flohen viele Menschen vor den sowjetischen Truppen. Sie verließen ihre Heimat in Pferdewagen oder zu Fuß. Im Winter wanderten viele Menschen über die Ostsee, wo sie zugefroren war. Dieser Weg war sehr gefährlich. Das Eis konnte brechen, und Flugzeuge der Alliierten bombardierten die fliehenden Menschen. Die Deutschen hatten auf ihrem Vormarsch viele Menschen aus ihrer Heimat vertrieben. Nach dem Ende des Krieges kamen manche dieser Menschen zurück und wollten ihre Häuser und Dörfer wiederhaben. Außerdem hatte die Sowjetunion ein Stück von Polen besetzt und die Polen, die dort lebten, vertrieben. Deshalb hatten die Siegermächte (die Alliierten) bestimmt, dass ein Streifen im Osten von Deutschland nun zu Polen gehören sollte. Die Deutschen, die dort lebten, mussten fortgehen.

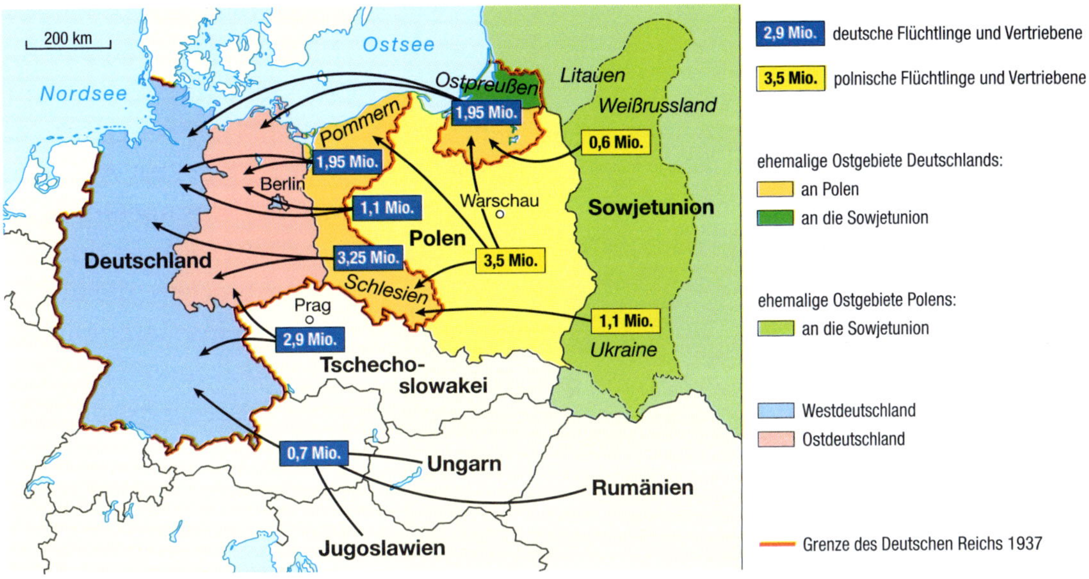

5 **Bilde richtige Sätze und schreibe sie in dein Heft.**

1,95 Millionen Menschen	wurden aus Pommern nach Westdeutschland vertrieben.
1,95 Millionen Menschen	wurden aus der Ukraine nach Polen vertrieben.
0,6 Millionen Menschen	wurden aus Schlesien nach Westdeutschland vertrieben.
1,1 Millionen Menschen	wurden aus Ungarn, Rumänien und Jugoslawien nach Westdeutschland vertrieben.
1,1 Millionen Menschen	flohen aus Ostpreußen nach Deutschland.
2,9 Millionen Menschen	zogen aus der Mitte Polens in den Westen.
0,7 Millionen Menschen	wurden aus Weißrussland und Litauen nach Polen vertrieben.
3,25 Millionen Menschen	wurden aus der Tschechoslowakei nach Westdeutschland vertrieben.

6 **Rechne zusammen:**

Nach 1945 kamen insgesamt ______ Millionen Flüchtlinge nach Deutschland.

der Flüchtling, die Flüchtlinge
fliehen, sie flohen
sich ergeben, er/sie ergab sich

sich zurückziehen, er/sie zieht sich zurück
verlassen, sie verließen

vertreiben, er/sie hatte vertrieben
zufrieren, er/sie war zugefroren
zurückkommen, sie kamen zurück

Befreiung der Lager

Bei ihrem Vormarsch erreichte die sowjetische Armee auch die Vernichtungslager und befreite die wenigen Menschen, die dort überlebt hatten. Das größte Lager hieß Auschwitz und lag im heutigen Polen. Es wurde am 27. Januar 1945 befreit. Sogar einige Kinder hatten überlebt. **Als die alliierten Soldaten in Deutschland einrückten, befreiten sie auch die Menschen aus den Konzentrationslagern.** Viele Häftlinge waren so krank und schwach, dass sie noch nach der Befreiung starben. Manche Deutsche schämten sich sehr, aber viele sagten, dass sie nicht gewusst hätten, was in den Lagern geschah. **Die Alliierten waren sehr entsetzt über die schrecklichen Dinge, die sie in den Lagern gefunden hatten.**

Nürnberger Prozess: Die Angeklagten während der Verhandlung

21 führende Mitarbeiter von Hitler wurden von den Alliierten vor Gericht gestellt. Der Prozess fand in Nürnberg statt und dauerte ein Jahr. **Am Ende wurden 11 Angeklagte zum Tode verurteilt, 3 Angeklagte wurden freigesprochen, die übrigen mussten ins Gefängnis.** In den folgenden Jahren gab es noch mehr Prozesse gegen Menschen, die Kriegsverbrechen begangen hatten oder an der Ermordung von Juden, Roma und Sinti oder Kranken mitgearbeitet hatten. **Aber sehr viele Täter konnten ins Ausland fliehen oder unauffällig in Deutschland leben.**

7 Lies den Text sorgfältig durch.
Schreibe die hervorgehobenen Sätze in dein Heft.

die Befreiung, die Befreiungen
die Heimat, –
die Unabhängigkeit, –
die UNO, –
die Zivilbevölkerung, –
der Angeklagte, die Angeklagten
der Gewaltausbruch, die Gewaltausbrüche
der Häftling, die Häftlinge
der Notfall, die Notfälle
der Prozess, die Prozesse
das Gericht, die Gerichte
das Kriegsverbrechen, die Kriegsverbrechen
das Krisengebiet, die Krisengebiete
das Menschenrecht, die Menschenrechte
das Verbrechen, die Verbrechen
das Verhältnis, die Verhältnisse
das Völkerrecht, –
befreien, sie befreiten
begehen, sie hatten begangen
einrücken, sie rückten ein
entstehen, sie entstehen
finden, sie hatten gefunden
freisprechen, sie wurden freigesprochen (Passiv)
gelten, sie gelten
geschehen, es geschah
gründen, er/sie wird gegründet (Passiv)
Hilfe leisten, sie leisteten Hilfe
liegen, er/sie lag
sich schämen, sie schämten sich
stattfinden, er/sie fand statt
sterben, sie starben
überleben, sie hatten überlebt
verhindern, sie verhindern
verurteilen, sie wurden verurteilt (Passiv)
entsetzt
schwach

Die UNO wird gegründet

Am 8. Mai 1945 war der Zweite Weltkrieg zu Ende. Viele Millionen Menschen waren im Zweiten Weltkrieg (1938–1945) gestorben. Das sollte nicht noch einmal passieren! Deshalb wurde 1945 die UNO gegründet. **UNO** ist eine Abkürzung und bedeutet: United Nations Organisation. Auf Deutsch nennt man die Organisation auch „Vereinte Nationen".

Die UNO hat das Ziel, den Frieden auf der ganzen Welt zu sichern. Die Organisation soll das Völkerrecht durchsetzen. In jedem Land sollen die Menschenrechte gelten.

Um ihre Ziele zu erreichen, schickt die UNO Soldaten in Kriegsgebiete und in Krisengebiete. Die UN-Soldaten tragen blaue Helme. Die Soldaten werden deshalb „Blauhelme" genannt.

Die Soldaten haben die Aufgabe, Kriege oder andere Gewaltausbrüche zu verhindern, die Zivilbevölkerung zu schützen und in Notfällen Hilfe zu leisten. Außerdem kümmert sich die UNO in Flüchtlingscamps um Menschen, die in Not sind. Dort bekommen die Menschen Lebensmittel, Medikamente und Kleidung.

Doch nicht alle Regierungen der Welt versuchen, die Konflikte friedlich zu lösen. Immer wieder kommt es zu Gewalt. Im Notfall dürfen die Blauhelme ihre Waffen einsetzen, um zu kämpfen. In vielen Ländern auf der Welt sicherte die UNO den Frieden, aber sie hatte nicht immer Erfolg. Die Ermordung vieler Jugoslawen (1993) und den Massenmord in Ruanda mit mindestens 500 000 Toten konnte die UNO nicht verhindern.

1 Wo findest du die folgenden Aussagen im Text? Schreibe die Zwischenüberschriften neben den passenden Abschnitt.

Die Soldaten der UNO heißen Blauhelme • Das sind die Ziele der UNO • Das machen die „Blauhelme" • Die UNO wird 1945 gegründet • Kampf um den Frieden – manchmal ohne Erfolg

Neue Staaten entstehen

Nach dem Zweiten Weltkrieg veränderten sich die politischen Verhältnisse auf der Welt. Es entstanden viele neue Staaten. Das hatte unterschiedliche Gründe:
Viele Menschen mussten während des Zweiten Weltkrieges aus ihrer Heimat fliehen. Die Juden, die den Holocaust überlebt hatten, sollten eine neue Heimat bekommen. Deshalb wurde in Palästina der Staat Israel gegründet.
Viele Menschen aus den Kolonien hatten im Zweiten Weltkrieg in den Armeen der Kolonialländer gekämpft. Inder kämpften zum Beispiel in der Indian Army für den Sieg Großbritanniens gegen Hitler. Jetzt wollten die Soldaten aus den Kolonien auch für ihre eigenen Länder Freiheit und Unabhängigkeit. Es kam zu vielen Konflikten und Kriegen, besonders in Afrika. Am Ende dieser Konflikte entstanden aus den Kolonien viele neue Staaten. Deshalb spricht man von **Dekolonisation**.

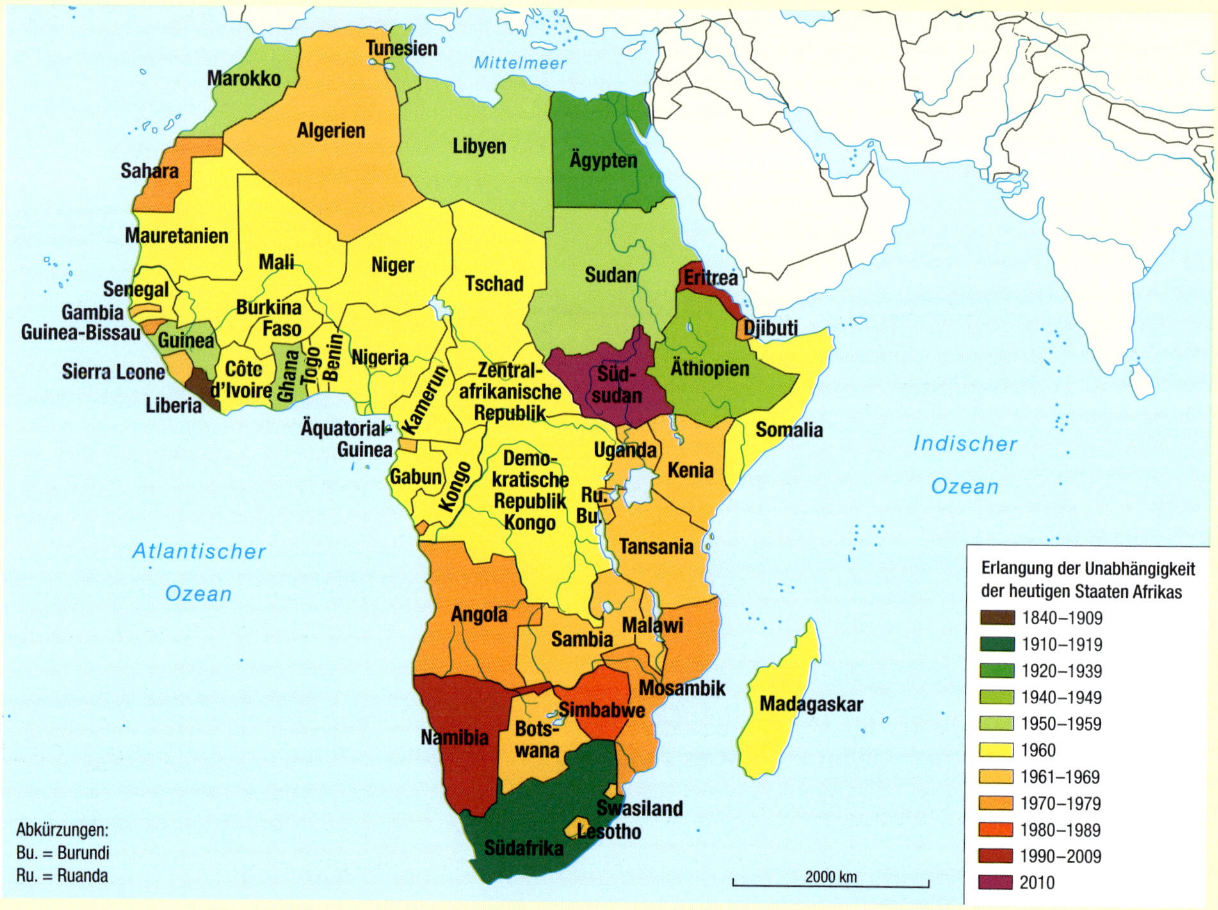

1 Vergleiche diese Karte mit der Karte auf Seite 49. Schreibe die Tabelle in dein Heft. Ergänze in der Tabelle die früheren britischen Kolonien, den heutigen Namen des Landes und das Jahr der Unabhängigkeit.

Name der früheren britische Kolonie	heutiger Name des Landes	Jahr der Unabhängigkeit
Südafrikanische Union	Südafrika	1910 – 1919
Britisch-Ostafrika	Kenia	

1 **Ergänze die passenden Ereignisse im Zeitstrahl. Was ist in welchem Jahr passiert?**

Der Erste Weltkrieg beginnt. • Deutschland wird Republik. • Hitler wird Reichskanzler. • In Deutschland werden Synagogen zerstört. • Die deutsche Armee überfällt Polen. • Der Zweite Weltkrieg endet. • Viele neue afrikanische Staaten entstehen.

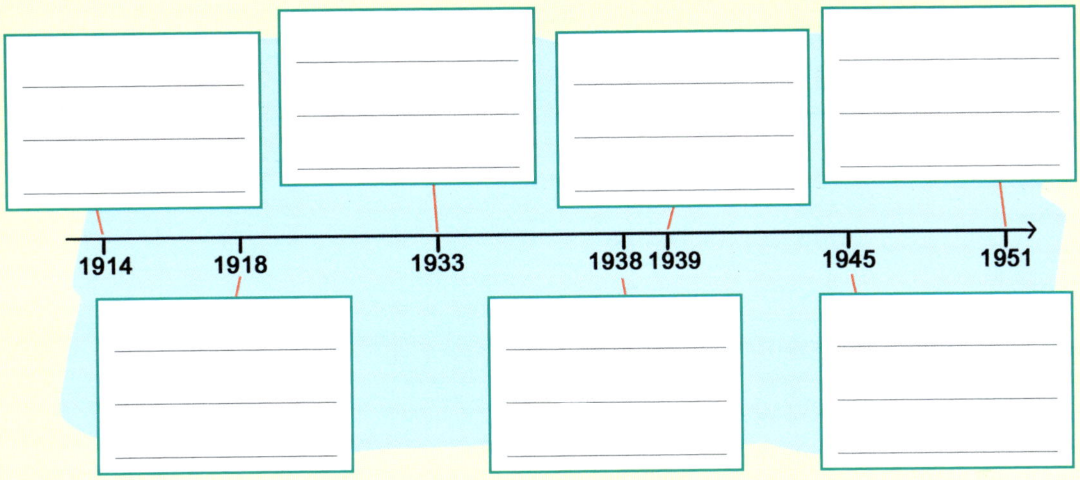

2 **Verbinde die Begriffe mit der richtigen Erklärung.**

Demokratie	Der König oder Kaiser regiert das Land. Er allein bestimmt die Politik.
Monarchie	Eine Person oder Gruppe regiert das Land. Keiner kann die Regierung kontrollieren.
Diktatur	Alle Bürger wählen das Parlament. Das Parlament bestimmt die Regierung und beschließt die Gesetze.

3 **Richtig oder falsch? Kreuze an.**

	richtig	falsch
Die Aufteilung der Welt nennt man Imperialismus.	☐	☐
Im Ersten Weltkrieg waren Frankreich und das Deutsche Reich verbündet.	☐	☐
In der Weimarer Republik durften Frauen nicht wählen.	☐	☐
1929 geriet die Wirtschaft in eine Krise.	☐	☐
Bei den Wahlen von 1932 erhielt die NSDAP die meisten Stimmen.	☐	☐
Für die Nationalsozialisten gehörten Juden nicht zum deutschen Volk.	☐	☐
1941 griff die Sowjetunion Deutschland an.	☐	☐
1943 verbündeten sich die Alliierten.	☐	☐
1950 wurde die UNO gegründet.	☐	☐

das kann ich gut · das kann ich einigermaßen · das muss ich noch üben

<table>
<tr><th>das hilft mir</th><th>neue Wörter</th><th>in meiner Sprache</th></tr>
<tr><td rowspan="7">
</td><td>die Bevölkerung, die Bevölkerungen</td><td></td></tr>
<tr><td>die Kolonie, die Kolonien</td><td></td></tr>
<tr><td>der Imperialismus, –</td><td></td></tr>
<tr><td>der Rohstoff, die Rohstoffe</td><td></td></tr>
<tr><td>gründen, er/sie gründete</td><td></td></tr>
<tr><td>unterwerfen, er/sie unterwarf</td><td></td></tr>
<tr><td>wachsen, er/sie wuchs</td><td></td></tr>
<tr><td rowspan="7"></td><td>die Frontlinie, die Frontlinien</td><td></td></tr>
<tr><td>der Feind, die Feinde</td><td></td></tr>
<tr><td>der Schützengraben, die Schützengräben</td><td></td></tr>
<tr><td>der Stellungskrieg, die Stellungskriege</td><td></td></tr>
<tr><td>das Bündnis, die Bündnisse</td><td></td></tr>
<tr><td>sich betrogen fühlen, er/sie fühlte sich betrogen</td><td></td></tr>
<tr><td>sich zusammenschließen, er/sie schloss sich zusammen</td><td></td></tr>
<tr><td rowspan="7"></td><td>die Krise, die Krisen</td><td></td></tr>
<tr><td>die Monarchie, die Monarchien</td><td></td></tr>
<tr><td>die Republik, die Republiken</td><td></td></tr>
<tr><td>die Verfassung, die Verfassungen</td><td></td></tr>
<tr><td>der Kaiser, die Kaiser</td><td></td></tr>
<tr><td>demonstrieren, er/sie demonstrierte</td><td></td></tr>
<tr><td>unterstützen, er/sie unterstützte</td><td></td></tr>
<tr><td rowspan="10">
</td><td>die Organisation, die Organisationen</td><td></td></tr>
<tr><td>die Synagoge, die Synagogen</td><td></td></tr>
<tr><td>der Jude, die Juden</td><td></td></tr>
<tr><td>der Nationalsozialist, die Nationalsozialisten</td><td></td></tr>
<tr><td>der Reichskanzler, die Reichskanzler</td><td></td></tr>
<tr><td>erlassen, er/sie erließ</td><td></td></tr>
<tr><td>ermorden, er/sie wurde ermordet (Passiv)</td><td></td></tr>
<tr><td>verlassen, er/sie verließ</td><td></td></tr>
<tr><td>zerstören, er/sie zerstörte</td><td></td></tr>
<tr><td>zurücklassen, er/sie ließ zurück</td><td></td></tr>
</table>

das hilft mir	neue Wörter	in meiner Sprache
	die Vernichtung, die Vernichtungen	
	der Aufseher, die Aufseher	
	der Massenmord, die Massenmorde	
	das Lager, die Lager	
	einmarschieren, er/sie marschierte ein	
	einsperren, er/sie wurde eingesperrt (Passiv)	
	erobern, er/sie eroberte	
	überfallen, er/sie überfiel	
	vergiften, er/sie wurde vergiftet (Passiv)	
	verhungern, er/sie verhungerte	
	verschleppen, er/sie wurde verschleppt (Passiv)	
	zerstören, er/sie zerstörte	
	der Flüchtling, die Flüchtlinge	
	der Verbündete, die Verbündeten	
	einkesseln, er/sie wurde eingekesselt (Passiv)	
	fliehen, er/sie floh	
	gefangen nehmen, er/sie wurde gefangen genommen (Passiv)	
	sich ergeben, er/sie ergab sich	
	sterben, er/sie starb	
	vertreiben, er/sie hatte vertrieben	
	vorrücken, er/sie rückte vor	
	die Befreiung, die Befreiungen	
	der Gewaltausbruch, die Gewaltausbrüche	
	der Häftling, die Häftlinge	
	der Prozess, die Prozesse	
	das Gericht, die Gerichte	
	das Kriegsverbrechen, die Kriegsverbrechen	
	freisprechen, er/sie wurde freigesprochen (Passiv)	
	Hilfe leisten, er/sie leistet Hilfe	
	verurteilen, er/sie wurde verurteilt (Passiv)	
	die UNO, –	
	die Heimat, –	
	das Menschenrecht, die Menschenrechte	
	das Völkerrecht, –	
	verhindern, er/sie verhindert	

6 Deutschland wird geteilt und wiedervereint

die Flucht, die Fluchten
die Folge, die Folgen
die Kriegsgefangenschaft, die Kriegsgefangenschaften
die Mauer, die Mauern
die Trümmerfrau, die Trümmerfrauen

der Mauerbau, –
der Mauerfall, –
der Soldat, die Soldaten
der Zweite Weltkrieg, –
das Nahrungsmittel, die Nahrungsmittel

gründen, sie wurden gegründet (Passiv)
teilen, er/sie wird geteilt (Passiv)
verlieren, er/sie hatte verloren
wiedervereinen, er/sie wird wiedervereint (Passiv)
zerbombt

1 Schreibe die passende Nummer (1–5) zu den passenden Bildern auf der linken Seite.

1. zerbombte Städte • 2. Nahrungsmittel sind knapp • 3. Kriegsgefangene • 4. Trümmerfrauen • 5. Mauerbau 1961 • 6. Mauerfall 1989

Die Nachkriegszeit

Am 8. Mai 1945 war der Zweite Weltkrieg zu Ende. Das Leben der Menschen war nach dem Krieg sehr hart. Dafür gibt es verschiedene Gründe. Viele Städte waren 1945 zerbombt. Die Wohnhäuser waren zerstört. Die Wasserleitungen waren kaputt. Die Stromversorgung funktionierte nicht mehr. Es gab nur wenig Nahrungsmittel für alle Menschen. Viele Menschen tauschten auf dem Schwarzmarkt ihren Besitz gegen Essen. Das war verboten, aber die Not war sehr groß. Viele Männer wurden im Krieg getötet oder die Männer waren in Kriegsgefangenschaft. Deshalb bauten viele Frauen aus den Trümmern die Häuser selbst wieder auf. Deshalb nannte man sie **Trümmerfrauen**.

Viele Menschen mussten vor feindlichen Soldaten fliehen. Viele Flüchtlinge starben auf der Flucht. Denn auf die Flüchtlingstrecks und die Flüchtlingsschiffe wurde geschossen. Zwischen 1944 und 1950 wurden viele Menschen gegen ihren Willen umgesiedelt oder vertrieben. Die Gebiete im Osten gehörten nun zu Polen und zur Sowjetunion.

Auf dem Bild kannst du Flüchtlinge von 1945 sehen.

2 Bilde richtige Sätze. Schreibe die Sätze in dein Heft.

Viele Männer	kamen	in Kriegsgefangenschaft.
Viele Städte	waren	1945 zerbombt.
Viele Flüchtlinge	starben	auf der Flucht.
Viele Frauen	bauten	aus den Trümmern die Häuser wieder auf.
Viele Menschen	tauschten	auf dem Schwarzmarkt ihren Besitz gegen Essen.

die Not, die Nöte
die Sowjetunion, –
die Wasserleitung, die Wasserleitungen
der Flüchtling, die Flüchtlinge
der Kriegsgefangene, die Kriegsgefangenen
der Schwarzmarkt, die Schwarzmärkte
das Wohnhaus, die Wohnhäuser
die Trümmer (nur im Plural)
fliehen, sie flohen
gehören, sie gehörten
schießen, es wurde geschossen (Passiv)
sterben, sie starben
tauschen, sie tauschten
umsiedeln, sie wurden umgesiedelt (Passiv)
vertreiben, sie wurden vertrieben (Passiv)
feindlich

Die Gründung von zwei deutschen Staaten (1949)

Im Zweiten Weltkrieg kämpften die **Alliierten** zusammen gegen das nationalsozialistische Deutschland. Zu den Alliierten gehörten **Großbritannien**, die **USA**, **Frankreich** und die **Sowjetunion**. Weil die Alliierten Deutschland besiegten, werden sie auch als **Siegermächte** bezeichnet.

Die Alliierten teilten Deutschland nach dem Krieg in **Besatzungszonen** ein. Deutschland hatte zu diesem Zeitpunkt keine eigene Regierung. Die Siegermächte übernahmen die Verwaltung in den Besatzungszonen.
Die Alliierten teilten auch die Stadt Berlin in verschiedene Zonen ein. Diese Teile von Berlin nannte man **Sektoren**.

Die Alliierten stritten sich nach dem Krieg oft. Sie hatten unterschiedliche Vorstellungen, wie es mit dem besiegten Deutschland weitergehen soll. Deshalb entstanden 2 Lager.
Die USA führten den Westen an. Die Sowjetunion führte den Osten an.
Beide Lager wollten ihren Machtbereich vergrößern. So wurden sie zu Gegnern.
Der Konflikt zwischen dem Westen und dem Osten hatte Folgen für Deutschland.

1 Sieh dir die Karte an. In welcher Besatzungszone lagen diese Städte? Schreibe in dein Heft.

Erfurt lag in der sowjetischen Besatzungszone.

Erfurt • München • Dresden • Düsseldorf • Magdeburg • Hamburg

2 Schreibe den Text in folgender Reihenfolge in dein Heft: B2, D1, B3, C2, A1, D3, A2, C3, B1, D2, C1, A3.

Im Zweiten Weltkrieg kämpften

	A	B	C	D
1	Die Siegermächte teilten	Die USA führten	Die Sowjetunion führte	die Alliierten (Großbritannien, die USA, Frankreich und Russland) gemeinsam.
2	Nach dem Krieg stritten	Im Zweiten Weltkrieg kämpften	nach dem Krieg die Siegermächte.	den Westen an.
3	den Osten an.	Die Alliierten waren	sich die Alliierten oft. Es bildeten sich 2 Lager.	Deutschland in 4 Besatzungszonen auf.

1949 wurden 2 deutsche Staaten gegründet. Zuerst wurde 1949 aus den westlichen Besatzungszonen (also aus der britischen, aus der US-amerikanischen und aus der französischen Besatzungszone) die **Bundesrepublik Deutschland** (BRD) gegründet. Es gab in der BRD eine neue Währung. Diese Währung wurde „D-Mark" genannt.
Die **Deutsche Demokratische Republik** (DDR) entstand aus der sowjetischen Besatzungszone.
Das Geld der DDR hieß „Ost-Mark".

Die osteuropäischen Länder und die westeuropäischen Länder bildeten 2 feindliche Militärbündnisse. Die Bündnisse bedrohten sich mit ihren Waffen, aber sie kämpften nicht direkt gegeneinander.
Deshalb spricht man vom **Kalten Krieg** zwischen Ost und West.
Das Militärbündnis des Westens hieß **NATO**.
Zur NATO gehörten außer den westeuropäischen Ländern auch die USA und Kanada.
Das Militärbündnis des Ostens hieß **Warschauer Pakt**.
Die BRD gehörte zur NATO. Die DDR gehörte zum Warschauer Pakt.
Die Grenze zwischen den Militärbündnissen nannte man den „Eisernen Vorhang".

3 **Sieh dir die Karte an.**
Welche Länder gehörten zur NATO?
Welche Länder gehörten zum Warschauer Pakt?
Schreibe in dein Heft.

die Besatzungszone, die Besatzungszonen
die Gründung, die Gründungen
die Siegermacht, die Siegermächte
die Währung, die Währungen
der Gegner, die Gegner

der Kalte Krieg, –
der Machtbereich, die Machtbereiche
der Vorhang, die Vorhänge
das Lager, die Lager
das Militärbündnis, die Militärbündnisse

anführen, sie führten an
einteilen, sie teilten ein
entstehen, sie entstanden
gründen, sie wurden gegründet (Passiv)
sich bedrohen, sie bedrohten sich
sich streiten, sie stritten sich
übernehmen, sie übernahmen

Das geteilte Deutschland und der Mauerbau (1961)

In den 1950er-Jahren entwickelte sich die Wirtschaft in der BRD schnell. Man konnte in den Geschäften viele Waren kaufen. Vielen Bürgern der BRD ging es gut.
In der DDR waren jedoch viele Menschen mit ihrem Leben unzufrieden. Die Wirtschaft der DDR entwickelte sich nur langsam. Man konnte nicht immer alle Waren kaufen. Die Bürger der DDR mussten oft lange Schlange stehen, um Lebensmittel zu kaufen.

Die Regierung in der DDR kontrollierte und überwachte die Bevölkerung durch Spitzel. Die Menschen durften ihre Meinung nicht frei sagen. Wenn jemand die DDR oder die Regierung der DDR kritisierte, konnte er ins Gefängnis kommen.
Deshalb wollten viele DDR-Bürger lieber in der Bundesrepublik leben. Sie flüchteten über die deutsch-deutsche Grenze. Aus diesem Grund beschloss die DDR-Regierung, die Grenze zwischen der DDR und der Bundesrepublik komplett zu schließen. 1961 wurde Mitten in Berlin eine Mauer gebaut. Die Mauer trennte den westlichen und den östlichen Teil der Stadt. Soldaten kontrollierten die Grenze.
Die Menschen konnten bis 1989 zwischen den beiden deutschen Staaten nicht mehr frei reisen.

1 Erkläre, warum die Menschen in der DDR unzufrieden waren.
Bilde weil-Sätze.

a Die Wirtschaft in der DDR entwickelte sich nur langsam.

Viele Bürger in der DDR waren unzufrieden, weil sich die Wirtschaft in der DDR nur langsam entwickelte.

Tipp: In Weil-Sätzen steht das Prädikat immer am Ende.

b Man konnte nicht immer alle Waren kaufen.

Viele Bürger in der DDR waren unzufrieden, weil

c Die Regierung in der DDR kontrollierte und überwachte die Bevölkerung durch Spitzel.

d Die Menschen durften ihre Meinung nicht frei sagen.

2 Richtig oder falsch? Kreuze an.

	richtig	falsch
Viele BRD-Bürger wollten lieber in der DDR leben.	☐	☐
Um die Stadt Berlin wurde eine Mauer gebaut.	☐	☐
Die Mauer trennte den östlichen und den westlichen Teil der Stadt Berlin.	☐	☐
1961 wurde die Mauer zwischen den beiden deutschen Staaten gebaut.	☐	☐
Eine Reise zwischen den beiden deutschen Staaten war kein Problem.	☐	☐

Aktiv: **Wer** tut etwas?
Die handelnde Person wird betont.

Passiv: Was wird **getan**?
Die Handlung wird betont.

3 Finde den richtigen Passiv-Satz. Trage die richtige Nummer ein.

Aktiv-Sätze

1. Die Menschen in der BRD kauften viele Waren.
2. Viele Bürger kritisierten die DDR-Regierung.
3. Die DDR schloss 1961 die Grenze.
4. Die Mauer teilte die Stadt Berlin.
5. Viele Soldaten überwachten die Grenze.

Passiv-Sätze

☐ Die Stadt Berlin wurde von der Mauer geteilt.
☐ Die Grenze wurde von vielen Soldaten bewacht.
☐ Die Grenze wurde 1961 von der DDR geschlossen.
☐ Viele Waren wurden von Menschen in der BRD gekauft.
☐ Die DDR-Regierung wurde von vielen Bürgern kritisiert.

die Bevölkerung, die Bevölkerungen
die Meinung, die Meinungen
die Ware, die Waren
die Wirtschaft, die Wirtschaften
der Mauerbau, –
der Spitzel, die Spitzel
das Gefängnis, die Gefängnisse

das Lebensmittel, die Lebensmittel
beschließen, er/sie beschloss
kontrollieren, er/sie kontrollierte
Schlange stehen,
er/sie steht Schlange
sich entwickeln,
er/sie entwickelte sich

teilen, er/sie teilte
trennen, er/sie trennte
überwachen,
er/sie überwachte
östlich
unzufrieden
westlich

Alltag in der DDR und in der BRD

Lena interviewt ihren Onkel als Zeitzeugen zu dem Thema „Der Alltag in der DDR".
Der Onkel, geboren 1964, erzählt:

In der DDR organisierte der Staat einen großen Teil unserer Freizeit in Jugendorganisationen. Ab der 1. Klasse war jeder Schüler **Jungpionier**. Ab der 4. Klasse war man ein **Thälmannpionier**. Ab der 8. Klasse wurde man in die **„Freie Deutsche Jugend"** (FDJ) aufgenommen. Es gab für alle Organisationen eine Uniform. So musste man das Halstuch der Thälmannpioniere binden. Es war verboten, das Halstuch anders zu tragen.

Ein schönes Erlebnis war meine **Jugendweihe**. Das ist eine besondere Feier. Die Jugendlichen werden in die Welt der Erwachsenen aufgenommen. Ich war damals 14 Jahre alt. Es gab viele tolle Geschenke.
Ich mochte gern Musik und ich war oft am Wochenende in einer Disco. Die bekanntesten Bands aus der DDR hießen „Karat" und die „Puhdys". Die Musik aus dem Westen war verboten. Deshalb konnten wir westliche Musik nur heimlich hören.

Ich war jedes Jahr mit meinen Eltern im Urlaub. Wir durften nur in Ländern **Urlaub** machen, die zum **Warschauer Pakt** gehörten. Wir mussten lange auf unser Auto warten. Nach 10 Jahren bekamen wir unser Auto. Unser Auto war ein Trabant. In der DDR nannte man diese Autos „Trabbis". Als ich 16 Jahre alt war, sind meine Familie und ich mit unserem „Trabbi" nach Ungarn gefahren. Das war mein erster Urlaub im Ausland.

1 Lena möchte im Geschichtsunterricht erzählen, was sie von ihrem Onkel über das Leben in der DDR erfahren hat. Sie muss dafür die Erzählungen des Onkels wiedergeben. Bilde ganze Sätze. Schreibe die Sätze in dein Heft.

Lenas Onkel	sagt, erzählt, erklärt, meint, erinnert sich,	dass	die Jugendweihe eine besondere Feier war. westliche Musik in der DDR verboten war. die Familie nur in der DDR oder in den Staaten des Warschauer Paktes Urlaub machen durfte. die Familie 10 Jahre auf ein Auto warten musste. fast alle Jugendlichen in einer Jugendorganisation der DDR waren.

Alltag in der BRD

Die Schülerinnen und Schüler führen ein Interview mit der Zeitzeugin Frau Bauer. Die Lehrerin ist in der Bundesrepublik aufgewachsen. Die Schüler möchten wissen, wie der Alltag in der BRD war.

2 **Die Freunde haben sich viele Fragen überlegt. Eden hat alle Antworten aufgeschrieben. Leider sind die Karten durcheinandergeraten. Ordne die Fragen zu den passenden Antworten.**

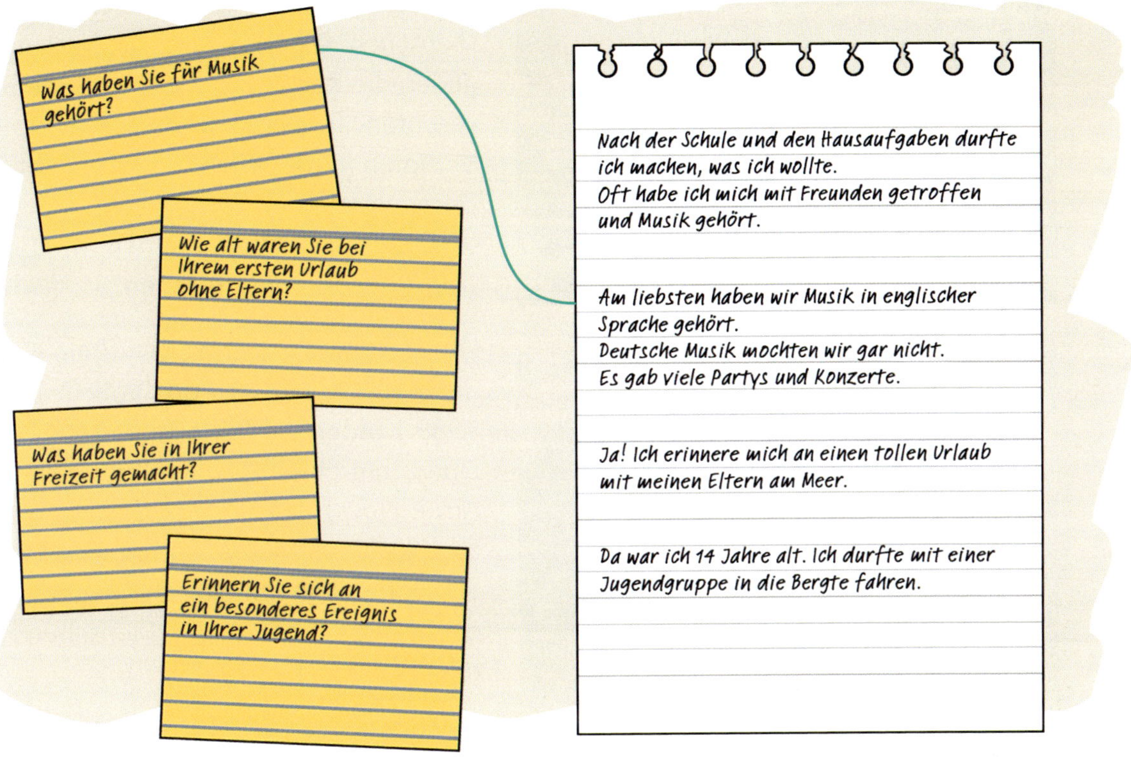

3 **Was stimmt für die DDR? Was stimmt für die BRD? Kreuze an.**

	DDR	BRD
Der Staat organisierte die Freizeit der jungen Menschen.	☐	☐
Die Bürger durften frei reisen.	☐	☐
Die bekanntesten Bands hießen „Karat" oder „Puhdys".	☐	☐
Die Jugendweihe war ein besonderes Ereignis für die Jugendlichen.	☐	☐
Die Autos hießen „Trabbi".	☐	☐
Die Jugendlichen hörten oft englischsprachige Musik.	☐	☐

die Band, die Bands
die Jugendorganisation, die Jugendorganisationen
die Jugendweihe, die Jugendweihen
die Uniform, die Uniformen
die Zeitzeugin, die Zeitzeuginnen

der Alltag, die Alltage
der Zeitzeuge, die Zeitzeugen
aufnehmen, er/sie wurde aufgenommen (Passiv)
aufwachsen, er/sie ist aufgewachsen
bekommen, wir bekamen

erklären, er/sie erklärt
meinen, er/sie meint
mögen, ich mochte
nennen, er/sie nannte
sich erinnern, er/sie erinnert sich
sich treffen, ich habe mich getroffen
heimlich

Der Fall der Berliner Mauer und die Wiedervereinigung

Seit den 1980er-Jahren wollten die Regierungen einiger östlicher Staaten Veränderungen in ihren Ländern. Sie wollten zunächst Reformen. Der Osten und der Westen sollten sich annähern.

Auch viele Bürger der DDR wollten mehr Freiheiten in ihrem Land. Im **Mai 1989** erfuhren die Bürger, dass die Regierung der DDR die Wahlen gefälscht hatte. Daraufhin gingen viele Menschen auf die Straße. Sie demonstrierten gegen die Regierung. Das war eigentlich verboten. Trotzdem gingen in den folgenden Monaten immer mehr Bürger zu den Demonstrationen. Weil die Demonstrationen oft am Montag stattfanden, nennt man sie **„Montagsdemonstrationen"**.

Die Menschen protestierten ohne Gewalt. Sie riefen laut: **„Wir sind das Volk!"**. Im November 1989 wurden die Proteste immer größer. Daraufhin musste die Regierung reagieren. Am 7. November 1989 trat die DDR-Regierung zurück. 2 Tage später, am 9. November 1989, verkündete ein Politiker der neuen Regierung eine gute Nachricht: Die Menschen konnten frei reisen.

Tausende DDR-Bürger kamen sofort zu den Grenzübergängen und reisten in die BRD ein. Deshalb sagt man, dass am **9. November 1989** die **Mauer „gefallen"** ist. Natürlich ist sie nicht wirklich umgefallen. Ein Jahr später, am 3. Oktober 1990, wurden die beiden deutschen Staaten zu einem Staat wiedervereinigt. Seitdem ist der 3. Oktober ein Nationalfeiertag. Er heißt **„Tag der Deutschen Einheit"**.

1 Bringe die Sätze in die richtige Reihenfolge. Nummeriere.

- ☐ Daraufhin demonstrierten viele DDR-Bürger gegen die Regierung. Das war verboten.
- ☐ Tausende DDR-Bürger kamen sofort zu den Grenzübergängen.
- ☐ Am 7. November 1989 trat die DDR-Regierung zurück.
- ☐ Im Mai 1989 erfuhren die Bürger, dass die Regierung der DDR die Wahlen gefälscht hatte.
- ☐ Am 9. November verkündete ein Politiker, dass die Menschen nun frei reisen konnten.

2 Schreibe die Sätze von Aufgabe 1 in der richtigen Reihenfolge auf. Schreibe in dein Heft.

3 Beantworte die folgenden Fragen. Kreuze an.

a An welchem Wochentag fanden die Demonstrationen statt?

☐ Samstag ☐ Montag ☐ Donnerstag

b Was wollten die Regierungen einiger östlicher Staaten?

☐ Sie wollten Krieg. ☐ Sie wollten Reformen. ☐ Sie wollten mehr Waffen.

c Was riefen die Menschen?

☐ Wir sind Deutsche. ☐ Wir sind der Staat. ☐ Wir sind das Volk.

d Seit wann wollten die Regierungen einiger östlicher Staaten Veränderungen in ihren Ländern?

☐ seit den 1950er-Jahren ☐ seit den 1980er-Jahren ☐ seit den 1990er-Jahren

4 Ergänze die passenden Ereignisse im Zeitstrahl. Was ist wann passiert?

Die DDR-Bürger erfahren von der Wahlfälschung. • Es finden Montagsdemonstrationen statt. • Die DDR-Regierung tritt zurück. • Die Mauer „fällt“. • Die beiden deutschen Staaten werden wiedervereinigt.

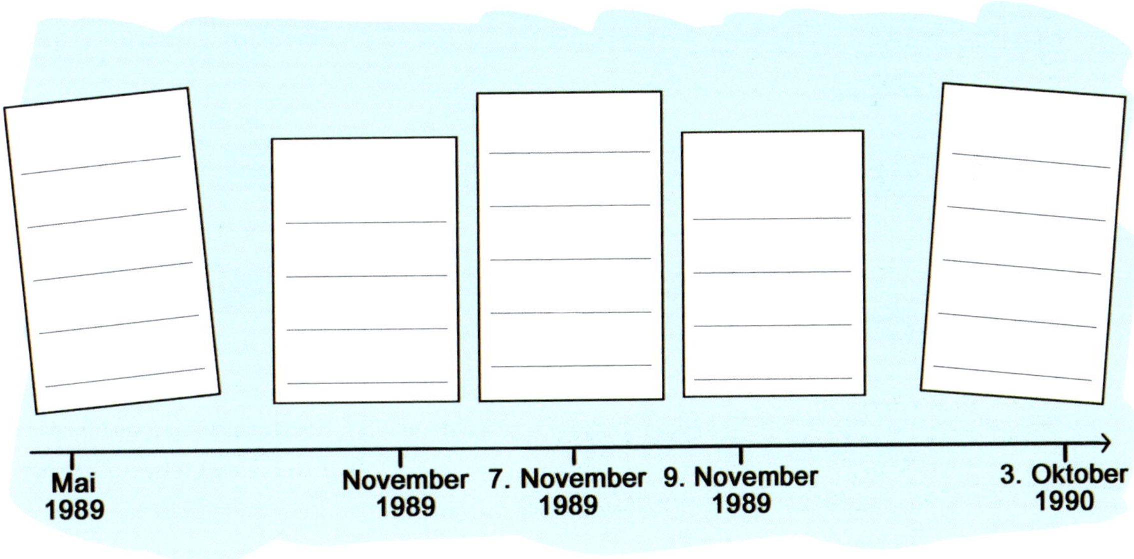

die Demonstration, die Demonstrationen
die Regierung, die Regierungen
die Veränderung, die Veränderungen
die Wahl, die Wahlen
die Wiedervereinigung, die Wiedervereinigungen

der Grenzübergang, die Grenzübergänge
der Nationalfeiertag, die Nationalfeiertage
der Protest, die Proteste
demonstrieren, sie demonstrierten

erfahren, sie erfuhren
fälschen, er/sie hatte gefälscht
gehen, sie gingen
protestieren, sie protestierten
stattfinden, sie fanden statt
verkünden, er/sie verkündete
zurücktreten, er/sie trat zurück

1 Wann ist was passiert? Ordne die Jahreszahlen den Ereignissen zu.

8. Mai 1945	Die Wiedervereinigung wird jedes Jahr gefeiert. Der Nationalfeiertag heißt „Tag der Deutschen Einheit".
1949	Die Regierung der DDR baut eine Mauer. Die Mauer trennt die beiden deutschen Staaten.
1961	Der Zweite Weltkrieg ist zu Ende.
9. November 1989	2 deutsche Staaten werden gegründet.
3. Oktober	Die DDR-Bürger dürfen wieder frei über die Grenze reisen. Die Mauer fällt.

2 Die Grenze zwischen den beiden Militärbündnissen nannte man den „Eisernen Vorhang". Zeichne den Eisernen Vorhang in die Karte.

3 Was gab es in der BRD? Was gab es in der DDR? Kreuze an.

	BRD	DDR
Der Staat organisierte die Freizeit der Jugendlichen.	☐	☐
Westliche Musik war verboten. Die Musik wurde nur heimlich gehört.	☐	☐
Die Bürger durften Urlaub auf der Insel Mallorca (Spanien) machen.	☐	☐
Die Autos nannte man Trabbi.	☐	☐
Englische Musik war erlaubt.	☐	☐

☺ das kann ich gut   😐 das kann ich einigermaßen   ☹ das muss ich noch üben

das hilft mir	neue Wörter	in meiner Sprache
	die Mauer, die Mauern	
	der Mauerbau, –	
	der Mauerfall, –	
	teilen, er/sie wird geteilt (Passiv)	
	wiedervereinen, er/sie wird wiedervereint (Passiv)	
	die Besatzungszone, die Besatzungszonen	
	die Gründung, die Gründungen	
	die Siegermacht, die Siegermächte	
	die Währung, die Währungen	
	der Gegner, die Gegner	
	der Machtbereich, die Machtbereiche	
	der Vorhang, die Vorhänge	
	der Kalte Krieg, –	
	das Militärbündnis, die Militärbündnisse	
	entstehen, er/sie entstand	
	sich bedrohen, sie bedrohten sich	
	die Bevölkerung, die Bevölkerungen	
	die Ware, die Waren	
	die Wirtschaft, die Wirtschaften	
	der Spitzel, die Spitzel	
	kontrollieren, er/sie kontrollierte	
	teilen, er/sie teilte	
	überwachen, er/sie überwachte	
	der Alltag, die Alltage	
	der Zeitzeuge, die Zeitzeugen	
	sich erinnern, er/sie erinnert sich	
	die Demonstration, die Demonstrationen	
	die Veränderung, die Veränderungen	
	die Wiedervereinigung, die Wiedervereinigungen	
	der Nationalfeiertag, die Nationalfeiertage	
	der Protest, die Proteste	
	fälschen, er/sie fälschte	
	protestieren, er/sie protestierten	
	verkünden, er/sie verkündete	

7 Demokratie in Deutschland

Die Freunde sind in Berlin.

Erfan: Das ist der Reichstag.

Amina: So heißt das Gebäude. Aber drinnen tagt der Deutsche Bundestag.

Hassan: Das ist das Parlament in Deutschland.

Max: Ich habe gehört, dass der Bundestag über 600 Abgeordnete hat.

Eden: Und was machen die im Reichstagsgebäude?

Lena: Wir sind als Besucher angemeldet. Gehen wir doch mal rein.

die Rednerin, die Rednerinnen
die Regierung, die Regierungen
der/die Abgeordnete, die Abgeordneten
der Besucher, die Besucher
der Bundestag, die Bundestage
der Bürger, die Bürger
der Redner, die Redner
der Reichstag, die Reichstage
das Parlamente, die Parlamente
tagen, er/sie tagt
deutsch

Der Plenarsaal

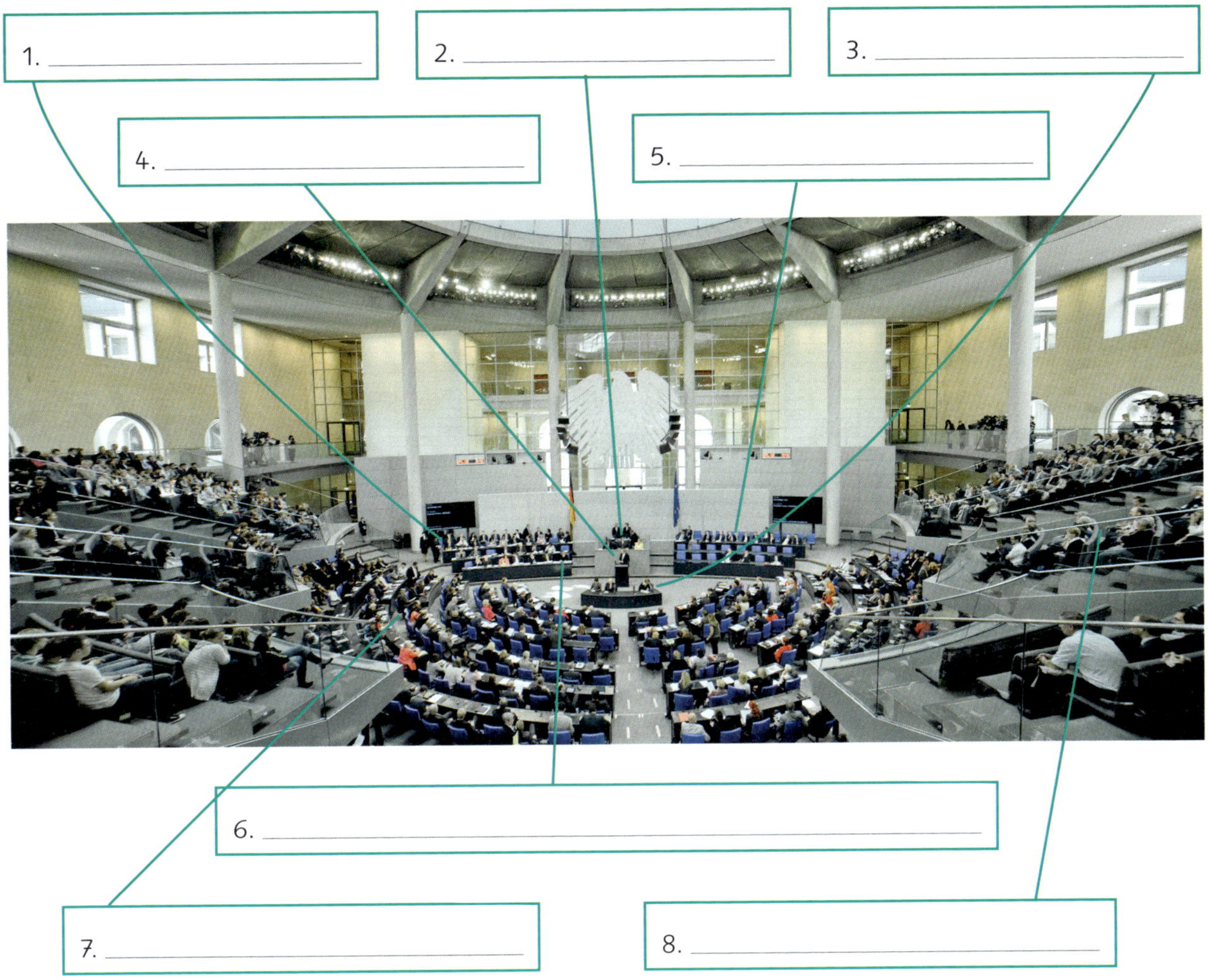

Bundesadler nach Entwürfen von Ludwig Gies im Plenarsaal

1 Wer sitzt wo im Bundestag?
Schreibe in die Kästchen, wer auf diesen Plätzen sitzt oder steht.

1. die Regierung • 2. der Bundestagspräsident • 3. die Protokollanten •
4. der Redner/die Rednerin • 5. die Vertreter des Bundesrates •
6. der Bundeskanzler/die Bundeskanzlerin • 7. die Abgeordneten • 8. die Besucher

Der Bundestag besteht aus ungefähr 600 Abgeordneten. Wenn alle zusammen sind, dann nennt man das **Plenum**. Die Abgeordneten versammeln sich im **Plenarsaal**. Die Bürger können die Diskussionen im Bundestag im Fernsehen verfolgen. Auch Zeitungen und Internet berichten über die Reden der Abgeordneten. Man kann auch selbst als Besucher im Plenarsaal auf einer Besuchertribüne sitzen und eine Diskussion anhören. Dazu muss man sich aber vorher anmelden.

die Bundeskanzlerin, die Bundeskanzlerinnen
der Bundeskanzler, die Bundeskanzler

der Bundestagspräsident, die Bundestagspräsidenten
der Plenarsaal, die Plenarsäle
der Protokollant, die Protokollanten

der Vertreter, die Vertreter
das Plenum, die Plenen
sich versammeln, sie versammeln sich

So wird Deutschland regiert

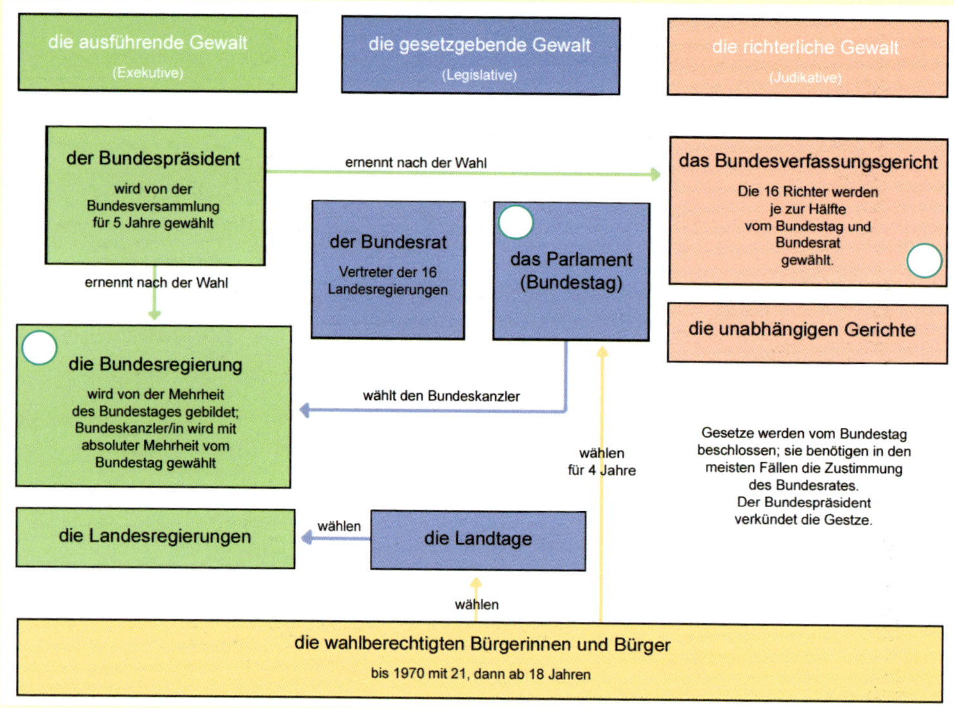

Das Schaubild zeigt, welche Ämter und Einrichtungen es im deutschen Staat gibt. Man kann auch sehen, wie die Macht verteilt ist und wer wen kontrollieren kann.

1. ______________________

Der **Bundestag** (A) ist das Parlament der Bundesrepublik Deutschland. Der Bundestag wählt den Bundeskanzler oder die Bundeskanzlerin. Der Bundestag beschließt Gesetze. Weil der Bundestag und andere Parlamente über Gesetze beschließen, nennt man sie **gesetzgebende Gewalt** oder **Legislative**. Der Bundestag kontrolliert auch die Regierung, das heißt, die Abgeordneten diskutieren darüber, ob die Regierung ihre Arbeit gut macht. Weil das Parlament in Deutschland diese wichtigen Entscheidungen trifft, spricht man von einer **parlamentarischen Demokratie**.

2. ______________________

Die **Bundesregierung** (B) besteht aus dem Bundeskanzler/der Bundeskanzlerin und den Ministerinnen und Ministern. Die Bundesregierung kann dem Bundestag Vorschläge für Gesetze machen. Die Bundesregierung muss auch dafür sorgen, dass die Beschlüsse des Bundestages ausgeführt werden. Aus diesem Grund wird die Regierung auch **ausführende Gewalt** oder **Exekutive** genannt.

3. ______________________

Wenn Einzelpersonen, eine Organisation oder ein Unternehmen der Meinung sind, dass die Regierung gegen ein Gesetz verstößt, können sie bei einem Gericht Klage erheben. Auch neue Gesetze können überprüft werden, ob sie der Verfassung entsprechen. Dazu gibt es das **Bundesverfassungsgericht** (C). Richter und Gerichte achten also darauf, dass sich die Regierung und auch das Parlament an die Gesetze und an die Verfassung halten. Man nennt sie deshalb **richterliche Gewalt** oder **Judikative**.

Weil sich diese 3 Gewalten die Macht im Staat teilen, spricht man von **Gewaltenteilung**. Die Gewaltenteilung soll verhindern, dass ein einzelner Mensch oder eine kleine Gruppe die ganze Macht an sich reißen kann. Dies ist eine wichtige Grundlage unserer Demokratie.

1 Lies den Text auf der linken Seite.

2 Wo findest du die passenden Informationen im linken Schaubild?
Trage die roten Buchstaben aus dem Text in das Schaubild ein.

3 Um welche 3 Gewalten geht es in dem Text?
Schreibe die passenden Überschriften über die Textabschnitte.

Die ausführende Gewalt • Die gesetzgebende Gewalt • Die richterliche Gewalt

4 Sieh dir das Schaubild auf der linken Seite an.
Bilde richtige Sätze. Schreibe die Sätze in dein Heft.

Der Bundespräsident Der Bundestag	wählt ernennt	den Bundeskanzler. die Richter des Verfassungsgerichts. den Bundestag. die Landtage. die Landesregierungen.
Die Bürgerinnen und Bürger Die Landtage	wählen	

5 Wer ist dafür zuständig?
Lies die Beispiele und kreuze an.

	Regierung (Exekutive)	Parlament (Legislative)	Gerichte (Judikative)
Es wurde beschlossen, mehr Geld für neue Autobahnen auszugeben. Der Bundesminister für Verkehr muss sich darum kümmern, dass diese Autobahnen auch gebaut werden.	☐	☐	☐
Ein neues Gesetz muss geprüft werden, ob es der Verfassung entspricht.	☐	☐	☐
Eine neue Bundeskanzlerin oder Bundeskanzler soll gewählt werden.	☐	☐	☐
Es soll geprüft werden, ob die Regierung ihre Arbeit gut macht oder ob sie zu viel Geld ausgibt.	☐	☐	☐
Es muss geprüft werden, ob die Regierung gegen ein Umweltgesetz verstoßen hat.	☐	☐	☐
Die Bundeskanzlerin macht einen Vorschlag für ein neues Gesetz.	☐	☐	☐

die ausführende Gewalt (Exekutive)
die gesetzgebende Gewalt (Legislative)
die richterliche Gewalt (Judikative)

der Bundespräsident, die Bundespräsidenten
der Minister, die Minister
der Richter, die Richter
das Gericht, die Gerichte
das Gesetz, die Gesetze

entsprechen, sie entsprechen
ernennen, er/sie ernennt
kontrollieren, sie kontrollieren
regieren, er/sie wird regiert (Passiv)
überprüfen, sie werden überprüft (Passiv)
verstoßen, er/sie verstößt

Die Aufgaben von Bund und Ländern

Deutschland besteht aus 16 Bundesländern. Jedes Bundesland hat eine Hauptstadt, ein Parlament und eine Regierung. Das Parlament eines Bundeslandes heißt **Landtag**. Die Abgeordneten eines Landtages werden von den Bürgerinnen und Bürgern des Bundeslandes gewählt. Der Chef einer Landesregierung wird **Ministerpräsidentin/Ministerpräsident** genannt. Es gibt 3 Ausnahmen: das sind 3 Bundesländer, die nur aus einer einzigen Stadt bestehen. Sie werden deshalb auch **Stadtstaaten** genannt. Es sind die Städte Berlin, Hamburg und Bremen/Bremerhaven. Die Parlamente in den Stadtstaaten heißen **Senat** oder **Bürgerschaft**. Der Regierungschef eines Stadtstaates heißt **regierender Bürgermeister**.

1 Richtig oder falsch? Kreuze an.

	richtig	falsch
Deutschland besteht aus 24 Bundesländern.	☐	☐
Das Parlament eines Bundeslandes heißt Landtag.	☐	☐
Der Chef einer Landesregierung heißt Landespräsident.	☐	☐
Die 3 Stadtstaaten sind Berlin, Hamburg und Bremen/Bremerhaven.	☐	☐

2 Erkundige dich in deiner Gemeinde oder recherchiere im Internet. Ergänze anschließend diesen Steckbrief.

In welchem Bundesland lebst du?
Ich lebe in diesem Bundesland: ______________________________

Wie heißt die Landeshauptstadt?
Die Landeshauptstadt heißt: ______________________________

In welcher Stadt ist der Landtag?
Unser Landtag ist in: ______________________________

Wie heißt die amtierende Ministerpräsidentin/
der amtierende Ministerpräsident?
Unsere Ministerpräsidentin/unser Ministerpräsident heißt:

____

In welchem Jahr wurde der Landtag gewählt?
Unser Landtag wurde gewählt im Jahr: ______________________________

die Landeshauptstadt, die Landeshauptstädte
die Landesregierung, die Landesregierungen
der Landtag, die Landtage
der Ministerpräsident, die Ministerpräsidenten
der Stadtstaat, die Stadtstaaten
das Bundesland, die Bundesländer
wählen, er/sie wurde gewählt (Passiv)
amtierend

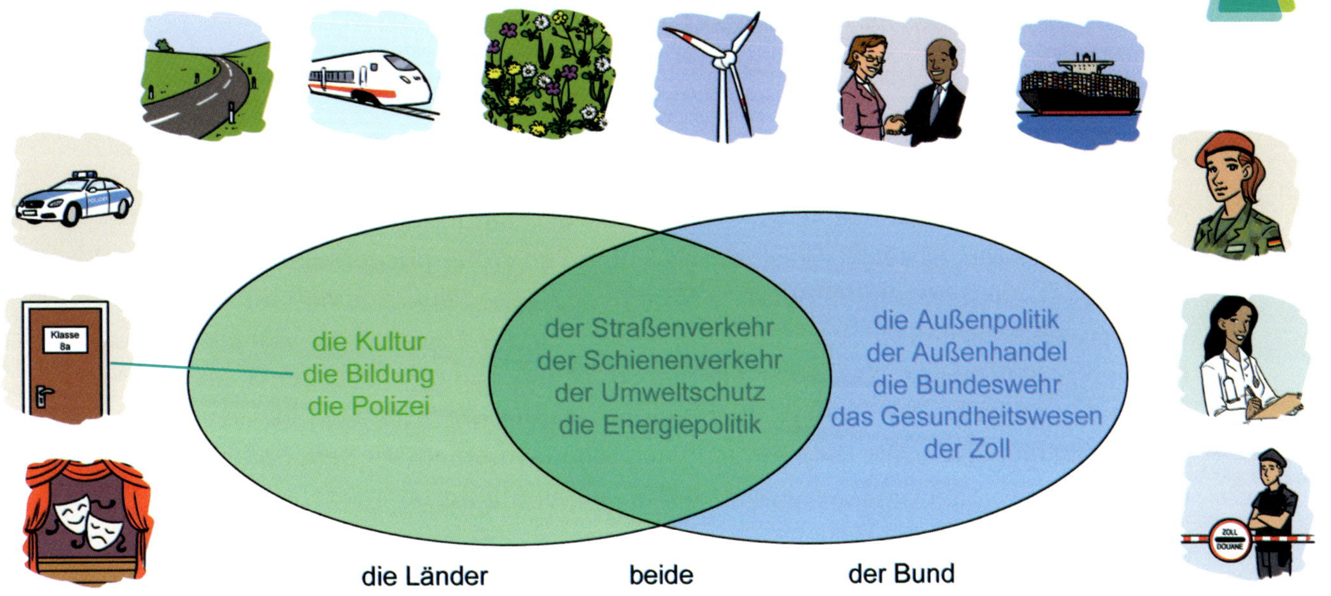

3 **Sieh dir das Schaubild an und lies den Text. Was sind die Aufgaben von Bund und Ländern? Ordne die Abbildungen den Begriffen zu.**

Wenn der Bundestag Gesetze beschließt, betreffen diese Gesetze meistens auch die Bundesländer. Deshalb gibt es den **Bundesrat**. Der Bundesrat ist eine Versammlung der Landesregierungen. Jedes Bundesland schickt einige Vertreter in den Bundesrat. Die großen Bundesländer haben mehr Vertreter als die kleinen Bundesländer. Der Bundesrat muss den meisten Gesetzen zustimmen. Wenn er nicht einverstanden ist, müssen Bundestag und Bundesrat verhandeln, bis sie einen Kompromiss finden. Auch die Parlamente der Bundesländer beschließen Gesetze. Diese Gesetze gelten nur in dem betreffenden Bundesland. In der Verfassung ist festgelegt, für welche Dinge die Bundesregierung und der Bundestag zuständig sind. Dazu gehört zum Beispiel die Außenpolitik. In einigen Bereichen, wie zum Beispiel Verkehr oder Umweltschutz, müssen Bund und Länder zusammenarbeiten. Und bestimmte Themen sind nur Sache der Länder, zum Beispiel Bildung und Erziehung. Dieses System, in dem die Bundesländer wichtige politische Entscheidungen treffen, nennt man **Föderalismus**.

4 **Die Bürger haben viele Wünsche an die Politiker. Wer ist zuständig? Kreuze an.**

	Bundes-regierung	Landes-regierung	beide
Bei uns muss eine **Autobahn** gebaut werden.	☐	☐	☐
Es müssen mehr **Polizisten** eingestellt werden.	☐	☐	☐
Der Staat soll weniger Geld für **Soldaten** ausgeben.	☐	☐	☐
In der **Schule** sollen die Schüler etwas über die UNO lernen.	☐	☐	☐
Es soll mehr **Windräder** zur Energiegewinnung geben.	☐	☐	☐
Es soll mehr umweltfreundliche Autos geben.	☐	☐	☐

die Verfassung, die Verfassungen
der Föderalismus, –

der Kompromiss, die Kompromisse
das Windrad, die Windräder
betreffen, sie betreffen

gelten, sie gelten
verhandeln, sie verhandeln
zustimmen, er/sie stimmt zu
zuständig

Freie Wahlen

Alle 4 Jahre wählen die deutschen Bürgerinnen und Bürger die Abgeordneten des Bundestages. Wer 18 Jahre alt ist, darf wählen. Zur Wahl machen die **Wähler** Kreuze auf einen Zettel. Diesen Zettel nennt man **Stimmzettel**. Die Personen, die Abgeordnete werden wollen, werden **Kandidaten** genannt. Es ist wichtig, dass alle Bürger wählen können. Das heißt, die Wahl ist **allgemein**. Sie muss auch **frei** sein, das heißt, dass jeder wählen darf, was er will. Außerdem zählt jede Stimme gleich viel. Dann sagt man, eine Wahl ist **gleich**. Schließlich muss die Wahl **geheim** sein. Niemand darf sehen, was die anderen wählen. Deshalb machen die Wähler die Kreuze in einer **Wahlkabine**.

1 **Beschrifte die Abbildung mit den folgenden Begriffen.**

der Wähler • die Wahlkabine • der Stimmzettel

2 **Die große Schwester von Max ist 18 Jahre alt. Sie hat zum ersten Mal gewählt und erzählt von der Wahl. Kreuze an.**

	allgemein	frei	gleich	geheim
Ich habe eine Postkarte bekommen. Auf der Postkarte stand, wann und wo ich wählen kann. Das hat jede Wählerin und jeder Wähler bekommen, damit alle Bescheid wissen. Denn die Wahl ist …	☐	☐	☐	☐
Im Wahllokal bin ich in die Wahlkabine gegangen, damit niemand sieht, wo ich meine Kreuze gemacht habe. Die Wahl ist nämlich …	☐	☐	☐	☐
Niemand hat mir gesagt, was ich wählen soll. Das konnte ich ganz allein entscheiden. Denn die Wahl ist …	☐	☐	☐	☐
Meine Stimme zählt genauso viel wie alle anderen, obwohl ich so jung bin. Die Wahl ist nämlich …	☐	☐	☐	☐

die Partei, die Parteien
die Fraktion, die Fraktionen
der Kandidat, die Kandidaten
der Stimmzettel, die Stimmzettel
der Wähler, die Wähler
verteilen, sie werden verteilt (Passiv)

Politische Parteien

Deutschland ist in ungefähr 300 Wahlkreise aufgeteilt. In jedem Wahlkreis wird ein Abgeordneter für den Bundestag gewählt. Wer die meisten Stimmen bekommen hat, vertritt den Wahlkreis für die nächsten 4 Jahre. Die anderen 300 Plätze im Bundestag werden an die **Parteien** vergeben. Deshalb hat ein Stimmzettel für die Bundestagswahl 2 Seiten. Die eine Seite ist für die **Erststimme**. Die Wählerin entscheidet hier, welcher Kandidat den Wahlkreis vertreten soll. Auf der anderen Seite ist Platz für die **Zweitstimme**. Hier kreuzt der Wähler an, welche Partei nach seiner Meinung regieren soll. Die Zweitstimmen werden zusammengezählt und die Sitze im Bundestag werden entsprechend dem Ergebnis auf die Parteien verteilt.
Die Abgeordneten, die derselben Partei angehören, sitzen im Plenarsaal zusammen.
Man nennt sie eine **Fraktion**. In Parteien schließen sich Menschen zusammen, die gleiche oder ähnliche politische Ziele haben. Dies sind die 5 wichtigsten Parteien und ihre Ziele.

CDU/ CSU	Steuern sollen gesenkt werden. Kampf gegen Kriminalität und Terrorismus Die deutsche Gesellschaft wird von einer Leitkultur zusammengehalten.
SPD	Reiche sollen mehr Steuern zahlen. Die Renten dürfen nicht sinken. Die Krankenversicherung soll gerechter werden.
Bündnis 90/ Die Grünen	Das Klima muss geschützt werden. Alle Kinder sollen gute Bildungschancen haben. Flüchtlinge sollen geschützt werden.
FDP	Die Steuern sollen sinken. Die persönlichen Daten der Bürger müssen besser geschützt werden. Die Einwanderung von gut ausgebildeten Menschen soll unterstützt werden.
Die Linke	Die Renten müssen steigen. Reiche sollen höhere Steuern zahlen. Die Ausgaben für Militär und Waffen müssen gesenkt werden.

1 Welche Partei wählen wohl diese Bürgerinnen und Bürger? Trage ein.

A: Meine Rente ist viel zu niedrig. Das muss sich dringend ändern.

Deshalb wähle ich ______________________________ .

B: Ich möchte nicht, dass der Staat meine Daten speichern kann.

Deshalb wähle ich ______________________________ .

C: Ich mache mir Sorgen um unser Klima.

Deshalb wähle ich ______________________________ .

D: Ich finde, Deutschland wird immer unsicherer. Ich habe Angst vor Kriminellen.

Deshalb wähle ich ______________________________ .

die Ausgabe, die Ausgaben
der Wahlkreis, die Wahlkreise
schützen, sie werden geschützt (Passiv)
senken, sie werden gesenkt (Passiv)
unterstützen, er/sie wird unterstützt (Passiv)

Was bedeutet Mehrheit in der Politik?

Die einfache Mehrheit
Mit der Erststimme wählen die Bürger die Abgeordneten in ihrem Wahlkreis.
Der Kandidat, der die meisten Stimmen bekommen hat, ist gewählt. Wenn es zum Beispiel 4 Kandidaten und 2000 Stimmen gibt, kann das Ergebnis so aussehen:

A: 555 B: 680 C: 375 D: 390

Kandidat B ist gewählt, weil er mehr Stimmen erhalten hat als einer der anderen Kandidaten. Das nennt man **einfache Mehrheit**.

Die absolute Mehrheit
Im Bundestag funktioniert das anders. Wenn im Bundestag über ein Gesetz abgestimmt wird, dann muss mehr als die Hälfte einverstanden sein. Dann ist das Gesetz beschlossen. Das nennt man **absolute Mehrheit**.

Die Zweidrittelmehrheit
Wenn die Abgeordneten das Grundgesetz (die Verfassung) ändern wollen, müssen mindestens 2/3 aller Abgeordneten dafür sein (Zweidrittelmehrheit). Die Grundrechte kann das Parlament nicht ändern.

Es ist selten, dass die Mehrheit der Abgeordneten nur einer Partei angehört. Also müssen sich 2 oder 3 Parteien zusammentun und zusammen regieren. So einen Zusammenschluss nennt man **Koalition**.

1 **Sieh dir das Schaubild an. Welche Koalitionen (Zusammenschlüsse) können eine Mehrheit gewinnen und eine Regierung bilden? Schreibe die Koalitionen auf und rechne aus, wie viele Abgeordnete sie haben.**

1. CDU/CSU und Bündnis 90/Die Grünen, 374 Sitze
2. ______
3. ______
4. ______

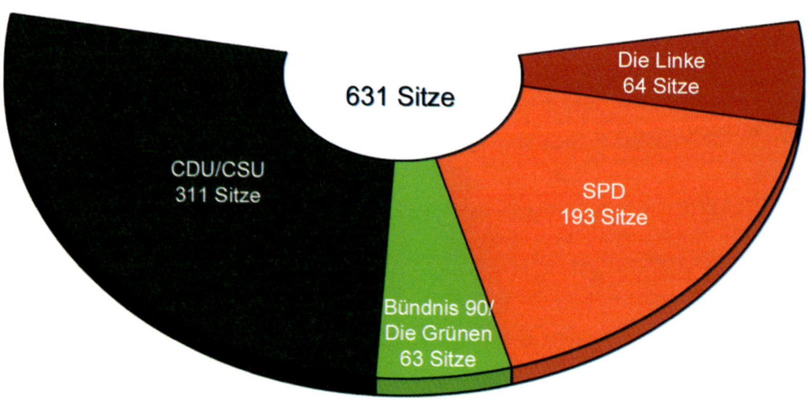

die Koalition, die Koalitionen
die Mehrheit, die Mehrheiten
die Stimme, die Stimmen
das Grundrecht, die Grundrechte
das Kabinett, die Kabinette
sich zusammentun, sie tun sich zusammen

Die höchsten Ämter in Deutschland

Der **Bundeskanzler** oder die **Bundeskanzlerin** leitet die Regierung. Der Bundeskanzler bestimmt die Minister, die sich um verschiedene Bereiche kümmern, zum Beispiel um die Wirtschaft, um den Umweltschutz, um den Verkehr usw. Die Versammlung des Bundeskanzlers und der Minister nennt man **Kabinett**. Das Kabinett trifft sich jede Woche. Der Bundeskanzler leitet die Sitzung. Der Bundeskanzler arbeitet im Bundeskanzleramt zusammen mit vielen Mitarbeiterinnen und Mitarbeitern.

Der **Bundespräsident** ist das Staatsoberhaupt. Er wird von einer Versammlung gewählt, die nur alle 5 Jahre einmal zusammenkommt. Das ist die **Bundesversammlung**. Der Bundespräsident vertritt Deutschland bei Besuchen im Ausland und empfängt Präsidenten oder Könige aus anderen Ländern. Er ernennt die Minister, die die Bundeskanzlerin ausgesucht hat. Der Bundespräsident unterschreibt auch die Gesetze, die Bundestag und Bundesrat beschlossen haben. Er verleiht Orden an Menschen, die etwas Besonderes geleistet haben. Der Bundespräsident trifft selbst keine politischen Entscheidungen. Nur sehr selten kommt es vor, dass ein Bundespräsident ein Gesetz nicht gleich unterschreibt und vorher das Verfassungsgericht nach seiner Meinung fragt. Der Bundespräsident wohnt und arbeitet im Schloss Bellevue in Berlin.

Wenn der Bundespräsident krank oder verreist ist, wird er vom **Bundestagspräsidenten** vertreten. Der Bundestagspräsident ist der zweite Mann im Staat. Seine wichtigste Aufgabe ist aber, die Sitzungen im Bundestag zu leiten. Er achtet darauf, dass sich alle Abgeordneten an die Regeln halten. Wenn ein Abgeordneter einen anderen Abgeordneten beleidigt, dann ruft der Bundestagspräsident ihn zur Ordnung.

1 Bilde richtige Sätze. Schreibe die Sätze in dein Heft.

Der Bundeskanzler Der Bundespräsident Der Bundestagspräsident	verleiht unterscheibt ernennt leitet ruft	Orden. Minister. Gesetze. Kabinettsitzungen. die Abgeordneten zur Ordnung.

der Mitarbeiter, die Mitarbeiter
der Orden, die Orden
das Staatsoberhaupt, die Staatsoberhäupter

beschließen, sie haben beschlossen
empfangen, er/sie empfängt

verleihen, er/sie verleiht
vertreten, er/sie vertritt, er/sie wird vertreten (Passiv)

1 Lies die Sätze durch und kreuze an, ob sie richtig oder falsch sind.

	richtig	falsch
Der Bundestag wählt den Bundeskanzler/die Bundeskanzlerin.	☐	☐
Die Abgeordneten werden von dem Bundeskanzler/der Bundeskanzlerin bestimmt.	☐	☐
Der Bundeskanzler/die Bundeskanzlerin und alle Ministerinnen und Minister bilden die Regierung.	☐	☐
Alle deutschen Bürgerinnen und Bürger (ab 18 Jahre) können an der Bundestagswahl teilnehmen.	☐	☐
Wenn ein Abgeordneter einen anderen beleidigt, kann man nichts machen.	☐	☐
In den Bundesländern gibt es auch Parlamente.	☐	☐
Das Parlament eines Bundeslandes heißt Bundesrat.	☐	☐
Jedes Bundesland hat eine eigene Regierung.	☐	☐
Nur der Bundeskanzler/die Bundeskanzlerin kann ein Gesetz vorschlagen.	☐	☐

2 Beschrifte das Schaubild mit den passenden Begriffen.

die ausführende Gewalt • die richterliche Gewalt • das Bundesverfassungsgericht • der Bundespräsident • das Parlament • die Bundesregierung • die Landtage • die wahlberechtigten Bürgerinnen und Bürger • der Bundesrat

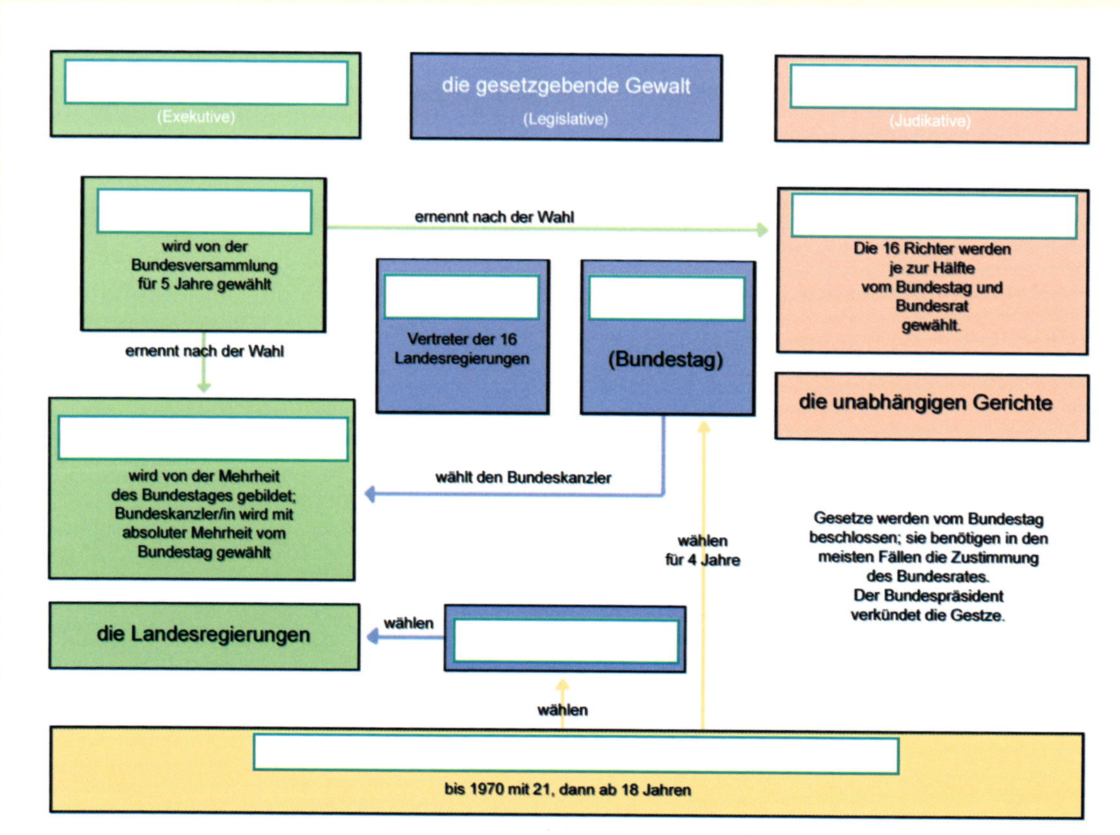

☺ das kann ich gut ☺ das kann ich einigermaßen ☹ das muss ich noch üben

das hilft mir	neue Wörter	in meiner Sprache
	die Bundeskanzlerin, die Bundeskanzlerinnen	
	die Regierung, die Regierungen	
	der/die Abgeordnete, die Abgeordneten	
	der Bundeskanzler, die Bundeskanzler	
	der Bundestag, die Bundestage	
	der Reichstag, die Reichstage	
	das Parlament, die Parlamente	
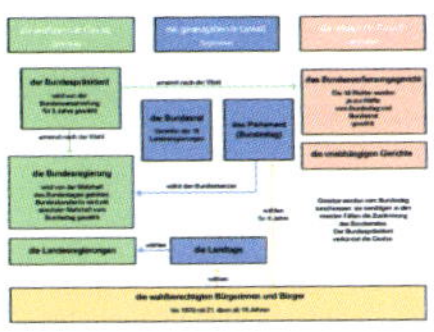	die ausführende Gewalt (Exekutive)	
	die gesetzgebende Gewalt (Legislative)	
	die richterliche Gewalt (Judikative)	
	die Ministerin, die Ministerinnen	
	der Bundespräsident, die Bundespräsidenten	
	der Landtag, die Landtage	
	der Minister, die Minister	
	der Ministerpräsident, die Ministerpräsidenten	
	das Bundesland, die Bundesländer	
	das Gesetz, die Gesetze	
	ernennen, er/sie ernennt	
	kontrollieren, er/sie kontrolliert	
	regieren, er/sie regiert	
	zustimmen, er/sie stimmt zu	
	zuständig	
	die Fraktion, die Fraktionen	
	die Koalition, die Koalitionen	
	die Mehrheit, die Mehrheiten	
	die Partei, die Parteien	
	die Stimme, die Stimmen	
	der Kandidat, die Kandidaten	
	der Stimmzettel, die Stimmzettel	
	der Wähler, die Wähler	
	das Staatsoberhaupt, die Staatsoberhäupter	
	empfangen, er/sie empfängt	
	verleihen, er/sie verleiht	
	vertreten, er/sie vertritt	

8 Die Europäische Union

Die Europäische Union (EU) ist ein Zusammenschluss von 28 europäischen Staaten.

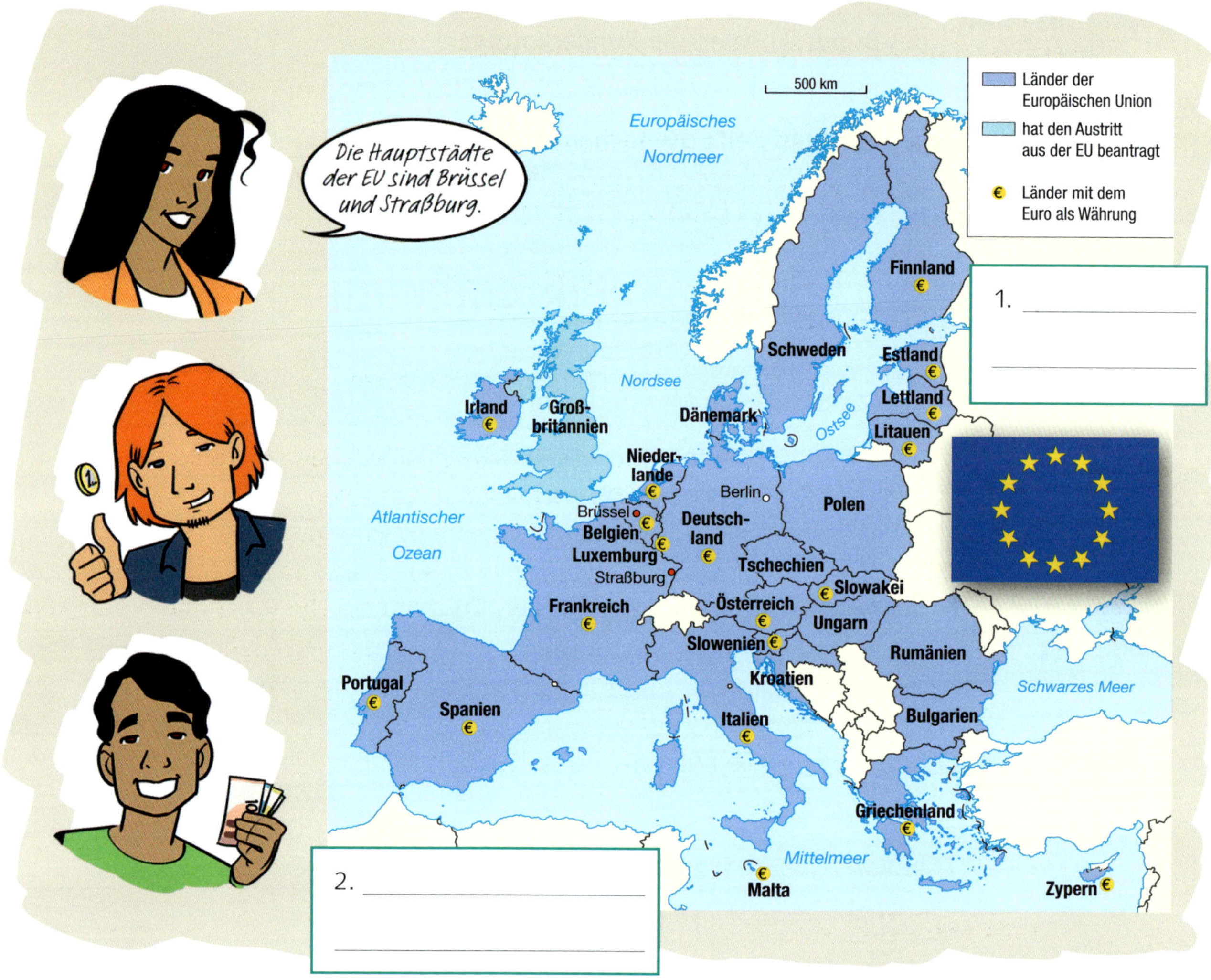

1 Was sind die Hauptstädte der EU?

Die Hauptstädte der EU sind ____________________.

2 Trage die Sätze an der richtigen Stelle in der Karte ein.

1. Das ist die Flagge der EU.
2. Die gemeinsame Währung in der EU ist der Euro.

3 Nicht in allen Ländern der Europäischen Union bezahlt man mit dem Euro. In welchen Ländern bezahlt man mit dem Euro? Schreibe die Länder in dein Heft.

die Europäische Union, –
die Flagge, die Flaggen
die Hauptstadt, die Hauptstädte
die Währung, die Währungen
der Euro, die Euro/Euros
der Staat, die Staaten
der Zusammenschluss, die Zusammenschlüsse
das Land, die Länder
bezahlen, er/sie bezahlt
europäisch
gemeinsam

Wenn man von „Europa“ spricht, dann meint man in der Regel die Europäische Union (EU).
In den 1950er-Jahren wurde die EU von 6 Staaten gegründet.
Mittlerweile gehören 28 Staaten zur EU. Einige Länder in Europa gehören nicht zur EU.
Manche Länder zögern, weil sie ihre Selbstständigkeit nicht aufgeben wollen.
Großbritannien wird deswegen wieder aus der EU austreten.
Andere Länder möchten der EU beitreten.
Sie erfüllen aber die Beitrittsbedingungen noch nicht.

4 **Sieh dir die Karte auf Seite 90 noch einmal an.**
Welche Länder gehören jetzt zur EU? ? Nimm einen Atlas zu Hilfe.
Schreibe die Namen der Länder in dein Heft.

5 **Welche Länder in Europa gehören nicht zur EU?**
Schreibe die Namen der Länder in dein Heft.

Das Motto der EU lautet: „In Vielfalt geeint“.
Vielfalt ist ein positives Wort.
Menschen aus verschiedenen Ländern,
mit verschiedenen Sprachen und Kulturen
leben gemeinsam in Europa.
Alle wollen in Frieden zusammenleben.
In der EU wollen viele Länder ihre Interessen durchsetzen.
Deswegen gibt es auch oft Probleme.
Es ist schwierig, eine Entscheidung zu finden.
Und es dauert sehr lange, bis sich alle Länder
auf etwas einigen können.

6 **Was passt zum Motto der EU? Bilde Sätze.**
Schreibe die Sätze in dein Heft.

Verständnis Zusammen leben Streit Diskussion Voneinander lernen Zusammen arbeiten	passt passt nicht	zum Motto der EU.
Probleme Verschiedene Kulturen Viele Sprachen	passen passen nicht	

die Beitrittsbedingung,
die Beitrittsbedingungen
die Entscheidung, die Entscheidungen
die Selbstständigkeit,
die Selbstständigkeiten

die Vielfalt, –
das Interesse,
die Interessen
das Motto, die Mottos
aufgeben, sie geben auf

austreten, sie treten aus
einen, wir sind geeint (Passiv)
beitreten, sie treten bei
durchsetzen, sie setzen durch
sich einigen, sie einigen sich

Die Entwicklung der EU

Als der Zweite Weltkrieg 1945 zu Ende war, waren weite Teile Europas völlig zerstört. Die ehemaligen Kriegsgegner, insbesondere Frankreich und Deutschland, wollten nun zusammenarbeiten. Sie wollten, dass die einzelnen Staaten in Frieden zusammenleben können.

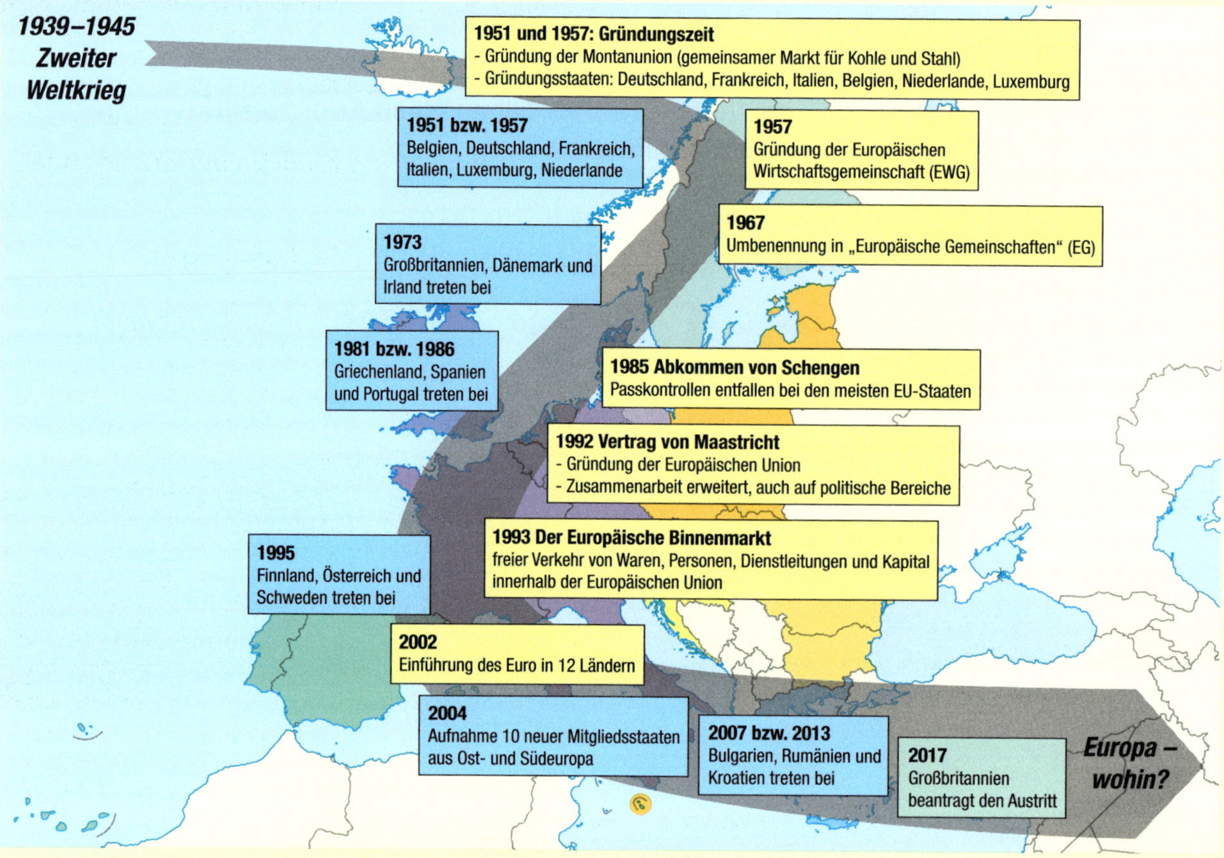

Montenegro und Serbien sind weitere Staaten, die der EU beitreten wollen. Man nennt sie Beitrittskandidaten. Ein Beitrittskandidat muss demokratisch sein, er muss die Menschenrechte achten und er muss eine funktionierende Wirtschaft haben.

1 Beantworte die Fragen in Sätzen.

a Welche Länder gründeten die EU?

____

b Wann wurde der europäische Binnenmarkt eingeführt?

____

c Welche Länder sind als letztes beigetreten? Wann war das?

____

____

2 **Bilde Sätze. Verbinde die passenden Satzteile. Schreibe die Sätze in dein Heft.**

1951–1957 gründeten	der Euro in 12 Ländern eingeführt.
1985 entfielen	Deutschland, Frankreich, Belgien, Italien, Niederlande und Luxemburg die EWG.
1992 wurde	die Passkontrollen bei den meisten EU-Staaten.
2002 wurde	Kroatien der EU bei.
2013 trat	der Vertrag von Maastricht unterzeichnet.

3 **Warum möchten viele Staaten der EU beitreten? Lies die Meinungen.**

4 **Und was denkst du? Warum treten die Staaten der EU bei? Wähle eine Begründung aus und bilde einen Satz.**

die Entwicklung, die Entwicklungen
das Menschenrecht, die Menschenrechte
der Beitrittskandidat, die Beitrittskandidaten
der Mitgliedsstaat, die Mitgliedsstaaten

beitreten, sie treten bei
die Menschenrechte achten, er/sie achtet die Menschenrechte
einführen, er/sie wurde eingeführt (Passiv)
gründen, sie gründeten
unterzeichnen, er/sie wurde unterzeichnet (Passiv)

zerstören, sie waren zerstört (Passiv)
zusammenarbeiten, sie arbeiten zusammen
zusammenleben, sie leben zusammen
demokratisch

Der Europäische Binnenmarkt

1 Lies den Text. Wie funktioniert der Europäische Binnenmarkt?

Die Europäische Union arbeitet auf keinem anderen Gebiet so eng zusammen wie in der Wirtschaft. Die Europäische Union (EU) ist dabei wie ein großer Marktplatz. Deshalb nennt man den Markt in der EU auch den europäischen Binnenmarkt. Auf dem europäischen Binnenmarkt können sich (1) **Personen**, (2) **Waren**, (3) **Geld (Kapital)** und (4) **Dienstleistungen** frei bewegen. Man nennt das die 4 Freiheiten.

Der europäische Binnenmarkt hat viele Vorteile:
- Bürger der EU können ohne Probleme in einem anderen Land der EU **leben, studieren, arbeiten oder eine Firma gründen**. Rentner aus Nordeuropa können zum Beispiel ihren Ruhestand im warmen Südeuropa genießen.
- EU-Bürger können reisen, ohne an den Grenzen kontrolliert zu werden.
- EU-Bürger und EU-Firmen dürfen ein Bankkonto in einem anderen Land der EU eröffnen. Sie dürfen innerhalb der EU ein Haus kaufen, sie dürfen Darlehen aufnehmen oder Geld investieren (anlegen).
- Auch Dienstleistungen dürfen EU-weit angeboten werden. Ein EU-Bürger darf zum Beispiel eine Krankenversicherung aus einem anderen Land in Anspruch nehmen.
- Das wichtigste am gemeinsamen Markt ist jedoch, dass die EU-Länder untereinander **keine Zölle** mehr verlangen. Mit Zoll sind die Abgaben, Steuern und Gebühren gemeint, die man normalerweise zahlen muss, wenn man eine Ware im Ausland verkaufen möchte.

2 Richtig oder falsch? Kreuze an.

	richtig	falsch
In der EU dürfen nur Personen frei reisen.	☐	☐
EU-Bürger dürfen in einem anderen Mitgliedsland arbeiten.	☐	☐
Ein EU-Bürger darf ein Bankkonto nur in seinem Heimatland eröffnen.	☐	☐
Es gibt in der EU keine Zölle für Waren aus anderen EU-Ländern.	☐	☐
Die Europäische Union arbeitet in der Wirtschaft sehr eng zusammen.	☐	☐

3 Korrigiere die falschen Aussagen von Aufgabe 2 in deinem Heft.

4 Was bedeuten die Freiheiten? Bilde Sätze. Schreibe in dein Heft.

Beispiel: *Freier Personenverkehr bedeutet, dass man ohne Grenzkontrollen in der EU reisen kann.*

Tipp: In dass-Sätzen steht das Prädikat immer am Ende.

Freier Dienstleistungsverkehr

Warenverkehr

Freier Kapitalverkehr

Man **kann** Produkte aus der gesamten EU in Deutschland kaufen.

Man **kann** Versicherungen aus einem Land überall in der EU in Anspruch nehmen.

Unternehmen **können** ein Konto in einem anderen EU-Staat eröffnen.

5 Ordne den Erklärungen jeweils eine der 4 Freiheiten zu.

Personen können ohne Grenzkontrolle innerhalb der EU frei reisen. Sie werden an den ehemaligen Staatsgrenzen nicht mehr kontrolliert. EU-Bürger dürfen ihren Wohnort selbst wählen und auch in anderen EU-Ländern arbeiten.

____

Versicherungen und Dienstleistungen dürfen EU-weit angeboten werden. Das heißt, EU-Bürger können diese Leistungen überall in der EU in Anspruch nehmen. Das gilt zum Beispiel auch für die Krankenversicherung.

____

Unternehmen, Firmen und Privatpersonen können ihr Kapital frei innerhalb der EU anlegen. Das heißt, sie können ein Konto in einem anderen EU-Land eröffnen und darauf regelmäßig Geld einzahlen.

____

Man kann in Deutschland Waren aus Frankreich, Italien, Irland oder aus anderen EU-Ländern kaufen. Die Länder der EU bilden einen gemeinsamen Wirtschaftsraum. Waren, die in der EU hergestellt sind, dürfen innerhalb des europäischen Binnenmarktes überall verkauft werden.

____

6 Ordne den Beispielen jeweils eine der 4 Freiheiten zu.

Eden: Im Sommer bin ich mit meinen Eltern nach Spanien gefahren. Wir wurden an keiner Grenze kontrolliert.

____

Erfan: Ich mag am liebsten den Käse aus Frankreich. Zum Glück kann man den auch in Deutschland im Supermarkt ganz günstig kaufen.

____

Amina: Mein Onkel arbeitet in Dänemark. Wir besuchen ihn dort mehrmals im Jahr.

____

Max: Mein Vater arbeitet bei einer Krankenversicherung. Er bietet Versicherungen in der ganzen EU an.

____

die Dienstleistung, die Dienstleistungen
die Grenzkontrolle, die Grenzkontrollen
die Staatsgrenze, die Staatsgrenzen
die Versicherung, die Versicherungen
die Ware, die Waren
der Binnenmarkt, –
der Zoll, die Zölle
das Bankkonto, die Bankkonten
anbieten, sie werden angeboten (Passiv)
einzahlen, sie zahlen ein
eröffnen, sie eröffnen
in Anspruch nehmen, sie nehmen in Anspruch

Wer macht was in der EU? – die Institutionen

Die EU-Kommission besteht aus 28 Kommissaren. Es gibt je Mitgliedsstaat einen unabhängigen Kommissar.

Der Ministerrat besteht aus Fachministern aus den Mitgliedsländern, z. B. dem Außen- oder Umweltminister.

Das Europäische Parlament besteht aus 750 Abgeordneten aus den Mitgliedsstaaten.

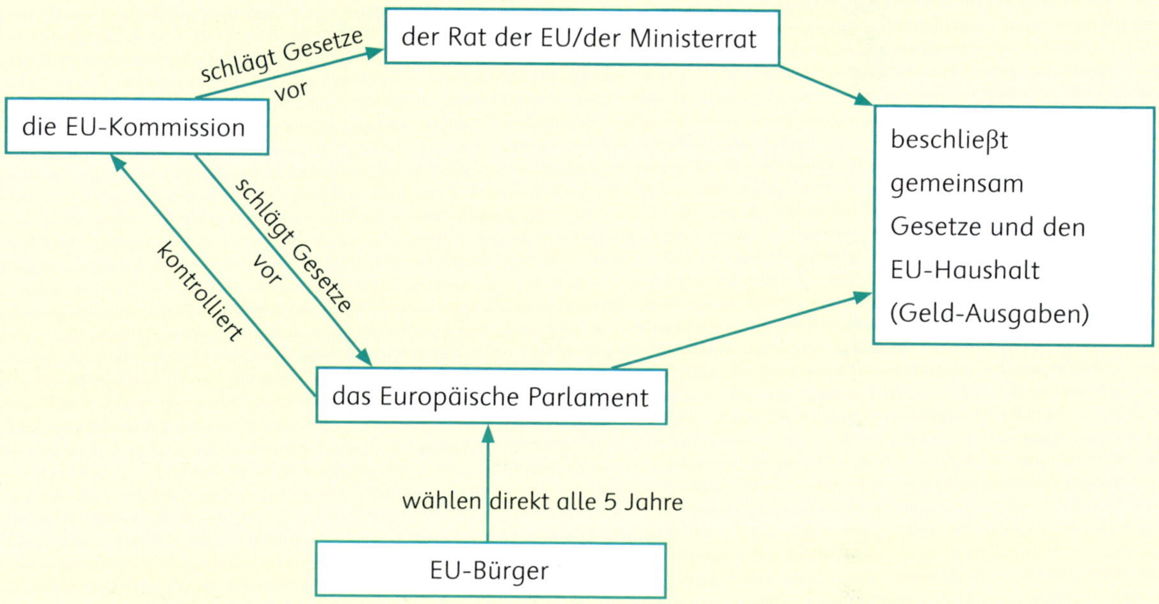

1 Ordne zu und bilde Sätze. Schreibe in dein Heft.

Beispiel: *Der Ministerrat und das EU-Parlament beschließen den Haushalt der EU.*

- Die Bürger der EU wählen
- Der Ministerrat und das EU-Parlament beschließen
- Das EU-Parlament kontrolliert
- Die EU-Kommission schlägt

- die EU-Kommission.
- das EU-Parlament.
- Gesetze vor.
- Gesetze und den Haushalt der EU.

Was macht das EU-Parlament?

Das Europäische Parlament (EU-Parlament) vertritt die Interessen von allen EU-Bürgern. Das EU-Parlament vertritt also die Interessen von über 500 Millionen Menschen. Die EU-Bürger wählen das EU-Parlament direkt und können somit die Zusammensetzung des Parlaments bestimmen. Die wichtigsten Aufgaben des EU-Parlaments sind:

Gesetzgebung: Es gibt Gesetze, die nur in der Bundesrepublik Deutschland gelten. Es gibt aber auch Gesetze, die in der ganzen EU gelten. Diese Gesetze müssen entwickelt und beschlossen werden. Die EU-Kommission schlägt dann einen Gesetzesentwurf vor. Das EU-Parlament und der EU-Rat müssen mit diesem Entwurf einverstanden sein.
Kontrollrechte: Die EU-Kommission und der EU-Rat müssen das EU-Parlament regelmäßig darüber informieren, was sie tun. Wenn das EU-Parlament nicht damit einverstanden ist, wie die EU-Kommission und der EU-Rat arbeiten, dann kann das EU-Parlament der EU-Kommission und dem EU-Rat das Misstrauen aussprechen. Das EU-Parlament kann die EU-Kommission und den EU-Rat sogar dazu zwingen, zurückzutreten.
Haushaltsrecht: Das EU-Parlament kann mitbestimmen, wie viel Geld die EU wofür ausgibt. Der EU-Rat erstellt einen Entwurf für die Ausgaben. Das nennt man Haushaltsentwurf. Das EU-Parlament muss zusammen mit dem EU-Rat diesem Haushaltsentwurf der EU-Kommission zustimmen. Das EU-Parlament kann verlangen, dass der Haushaltsentwurf geändert wird.

2 **Erkläre die Aufgaben des EU-Parlaments. Bilde Sätze. Schreibe die Sätze in dein Heft.**

<table>
<tr><td>Die Gesetzgebung
Das Haushaltsrecht</td><td>bedeutet, dass</td><td rowspan="2">Kommission und Rat dem Parlament berichten müssen, was sie tun.
das Europäische Parlament über Gesetzesvorschläge der Kommission entscheidet.
das Parlament mitbestimmt, wofür wie viel Geld ausgegeben wird.</td></tr>
<tr><td>Demokratische Kontrollrechte</td><td>bedeuten, dass</td></tr>
</table>

3 **Ordne die Beispiele den Aufgaben des EU-Parlaments von Aufgabe 1 zu.**

2015 wurden für den Umweltschutz in der EU 400 Millionen Euro ausgegeben.

____

Bald sollen in der EU Zigarettenschachteln mit Schockbildern bedruckt werden. Das EU-Parlament stimmt über das Gesetz ab.

____

Das EU-Parlament kann Anfragen an den Rat oder an die Kommission stellen. Diese Anfragen müssen beantwortet werden.

____

die Gesetzgebung, –
die Institution, die Institutionen
die Kommission, die Kommissionen
die Kontrolle, die Kontrollen
der Ministerrat, –
der Rücktritt, die Rücktritte
der Vorschlag, die Vorschläge

das Misstrauen, –
das Parlament, die Parlamente
beschließen, sie beschließen
Einfluss haben, sie haben Einfluss
Interessen vertreten, er/sie vertritt Interessen
kontrollieren, er/sie kontrolliert

mitbestimmen, sie bestimmen mit
vorschlagen, er/sie schlägt vor
wählen, sie wählen
zustimmen, sie stimmen zu

Wie entsteht ein Gesetz in der EU?

In der EU gibt es 2 Arten von Gesetzen: Richtlinien oder Verordnungen. Alle Mitgliedsstaaten und deren Bürger sollen sich an diese Richtlinien und Verordnungen halten.

Die Richtlinien geben nur das Ziel vor, das erreicht werden soll.
Die Verordnungen geben genau vor, wie ein bestimmtes Ziel erreicht werden soll.
Die Verordnungen gelten in allen EU-Mitgliedsstaaten.

Schutz vor dem Rauchen: Rauchen kann tödlich sein.

Die EU will mit einem Gesetz ihre Bürger vor den Gefahren des Rauchens schützen.
Was genau hat sich die EU überlegt?

Dezember 2012: Die EU-Kommission verabschiedet einen Vorschlag für eine neue Richtlinie: In Zukunft sollen 3/4 der Verpackung mit Warntexten und Schockbildern bedruckt sein.

Februar 2014: Das EU-Parlament stimmt einem Gesetzesvorschlag zu.
65 Prozent der Zigarettenschachtel sollen von einem Warntext mit Bild bedeckt sein.

März 2014: Der Ministerrat stimmt der Richtlinie zu. Die Gesundheitsminister aller EU-Länder haben sich getroffen und über die Richtlinie abgestimmt.

Ab 2016: Nun muss die Richtlinie in allen EU-Ländern umgesetzt werden.
Auf allen Zigarettenpackungen müssen große Warntexte und Schockbilder abgedruckt sein.

1 Ordne die Überschriften den richtigen Schritten der Richtlinie zu.

- Die Europäische Kommission schlägt ein Gesetz vor.
- Das EU-Parlament berät über den Vorschlag und entscheidet darüber.
- Der Ministerrat trifft die endgültige Entscheidung.
- Ein neues Gesetz tritt in Kraft.
- ~~Schutz vor dem Rauchen: Rauchen kann tödlich sein.~~

Die neue Tabak-Richtlinie beurteilen

Der Schock soll größer werden. 65 Prozent der Fläche einer Zigarettenschachtel sollen künftig von einem abschreckenden Text oder von abschreckenden Bildern bedeckt sein. Eine EU-Parlamentarierin erklärt: „Jugendlichen soll der Einstieg ins Rauchen erschwert werden." 70 Prozent aller regelmäßigen Raucher fangen bereits als Jugendliche an zu rauchen. Mediziner und Politiker rechnen vor, dass 700 000 Europäerinnen und Europäer jährlich an den Folgen des Tabak-Konsums sterben. Ein anderer EU-Abgeordneter sagt: „700 000 Tote im Jahr in Europa – das können wir hier im Parlament über Nacht nicht abschalten. Wir können aber verhindern, dass wir 700 000 Neueinsteiger bekommen".
Die Tabak-Konzerne sind gegen die neue Richtlinie. Ihre Hauptargumente sind: Die neuen Vorschriften gefährden viele Arbeitsplätze. Und: Die EU will jetzt auch noch den Bürgerinnen und Bürgern das Recht nehmen, selbst zu entscheiden, was sie zu sich nehmen und was nicht.

1 Wer sagt was? Zu wem gehört welches Argument? Verbinde die Kästen.

Eine EU-Parlamentarierin erklärt, dass …

Mediziner und Politiker sagen, dass …

Die Tabak-Konzerne sind der Meinung, dass …

… viele Menschen in Europa durch das Rauchen sterben.

… junge Menschen gar nicht erst anfangen sollen zu rauchen.

… die EU den Menschen zu viel vorschreibt.

2 Ordne die Argumente in eine Tabelle ein. Wer ist für (pro) und wer ist gegen (kontra) die Tabakrichtlinie? Schreibe in dein Heft.

3 Max und Eden diskutieren über die neue Tabakrichtlinie. Lies ihre Meinungen.

Max: Ich finde die neue Richtlinie gut, weil Rauchen ungesund ist.

Eden: Ich finde die neue Richtlinie nicht gut, weil die EU uns damit viel vorschreibt. Wir können selbst entscheiden, was gut für uns ist.

Tipp: In Weil-Sätzen steht das Prädikat immer am Ende.

4 Wie ist deine Meinung? Wähle 2 Begründungen aus. Schreibe in dein Heft.

Ich finde die neue Richtlinie gut / nicht gut, weil …

Rauchen **ist** ungesund und gefährlich.

Die Bilder **schrecken** junge Menschen **ab**. Sie fangen dann nicht an zu rauchen.

Wir **bekommen** von der EU zu viel vorgeschrieben.

Durch die neue Richtlinie **gehen** Arbeitsplätze verloren.

die Richtlinie, die Richtlinien
die Verordnung, die Verordnungen
der Einstieg, –
das Gesetz, die Gesetze
beraten, er/sie berät
die Entscheidung treffen, er/sie trifft die Entscheidung
erreichen, er/sie erreicht
erschweren, er/sie erschwert
in Kraft treten, er/sie tritt in Kraft
verhindern, wir verhindern
vorschreiben, er/sie schreibt vor
abschreckend
endgültig

1 **Schreibe 5 Länder der EU auf.**

2 **Schreibe 5 Länder auf, in denen man mit dem Euro bezahlt.**

3 **Welche Vorteile und welche Nachteile hat die EU?**
Schreibe eine Tabelle in dein Heft und ordne die Meinungen richtig zu.

Die Staaten sind in der EU weniger selbstständig.

Es dauert lange, bis sich die Mitgliedsstaaten einigen.

Die EU bedeutet Frieden in Europa.

Die EU stärkt die Wirtschaft in Europa.

4 **Was sind die 4 Freiheiten in der EU? Was bedeuten sie? Bilde Sätze.**
Schreibe in dein Heft.

Freier Personenverkehr bedeutet, dass

Man **kann** in der EU wohnen, wo man will.

Man **kann** eine Krankenversicherung aus einem anderen EU-Land wählen.

Man **kann** ein Bankkonto in einem anderen EU-Land eröffnen.

Man **kann** in der EU Waren aus allen EU-Ländern kaufen.

5 **Nenne die Aufgaben der EU-Institutionen. Bilde Sätze.**

Das EU-Parlament

Der Ministerrat

Die EU-Kommission

das kann ich gut — das kann ich einigermaßen — das muss ich noch üben

das hilft mir	neue Wörter	in meiner Sprache
	die Europäische Union, –	
	die Hauptstadt, die Hauptstädte	
	die Währung, die Währungen	
	der Beitrittskandidat, die Beitrittskandidaten	
	der Mitgliedsstaat, die Mitgliedsstaaten	
	der Zusammenschluss, die Zusammenschlüsse	
	austreten, er/sie tritt aus	
	beitreten, er/sie tritt bei	
	gründen, er/sie gründet	
	zusammenarbeiten, er/sie arbeitet zusammen	
	zusammenleben, er/sie lebt zusammen	
	die Gesetzgebung, –	
	die Grenzkontrolle, die Grenzkontrollen	
	die Kommission, die Kommissionen	
	die Richtlinie, die Richtlinien	
	die Staatsgrenze, die Staatsgrenzen	
	der Binnenmarkt, die Binnenmärkte	
	der Ministerrat, –	
	das Parlament, die Parlamente	
	beschließen, er/sie beschließt	
	Einfluss haben, er/sie hat Einfluss	
	in Kraft treten, er/sie tritt in Kraft	
	kontrollieren, er/sie kontrolliert	
	mitbestimmen, er/sie bestimmt mit	
	vorschlagen, er/sie schlägt vor	
	wählen, er/sie wählt	

9 Weltweite Globalisierung

1. ______________________

2. ______________________

3. ______________________

4. ______________________

5. ______________________

6. ______________________

1 **Alle diese Sachen haben etwas mit der Globalisierung zu tun. Schreibe die Wörter unter die Bilder.**

1. der Computer • 2. das Smartphone • 3. das Call-Center • 4. das Frachtflugzeug • 5. der Container • 6. das Containerschiff

die Globalisierung, die Globalisierungen
der Globus, die Globen/Globusse

Handel betreiben, sie betreiben Handel
in Kontakt stehen, sie stehen in Kontakt
sich austauschen, sie tauschen sich aus

global
vernetzt
weltweit

2 Lies den Text. Was ist Globalisierung?

Das Wort **Globus** bedeutet die Erdkugel. Das Wort **global** kommt von Globus.

Global bedeutet die ganze Welt umspannend oder vernetzt. Der Begriff **Globalisierung** beschreibt einen Prozess. Globalisierung bedeutet, dass die Menschen auf der ganzen Welt miteinander vernetzt sind, dass sie sich austauschen, dass sie miteinander kommunizieren und Handel betreiben.

Nicht nur Menschen, sondern auch verschiedene Länder auf der Welt stehen miteinander in Kontakt. Diese internationale Verflechtung bezieht sich auf viele Bereiche, zum Beispiel auf die Wirtschaft, auf die Politik, auf die Kultur und auf die Umwelt.

3 Bilde richtige Sätze. Schreibe die Sätze in dein Heft.

Globalisierung bedeutet,	dass die Menschen auf der ganzen Welt	miteinander kommunizieren.
		miteinander vernetzt sind.
		miteinander Handel betreiben.

4 Lies den Text. Wie entstand Globalisierung?

Schon in früheren Zeiten standen verschiedene Länder in Kontakt, zum Beispiel durch Fernhandelswege. Aber in den letzten 20 Jahren hat sich die Globalisierung sehr beschleunigt. Die schnelle Entwicklung von **Kommunikationstechnik** (weltweites Internet) und vom **Transportwesen** haben das ermöglicht. Heutzutage kann man sekundenschnell mit Menschen am anderen Ende der Welt kommunizieren und Informationen austauschen.

5 Sieh dir die Bilder auf der linken Seite noch einmal an. Was gehört zur Kommunikationstechnik? Was gehört zum Transportwesen? Trage die Wörter in die Tabelle ein.

Die Kommunikationstechnik	Das Transportwesen
der Computer	*der Container*

die Verflechtung, die Verflechtungen
die Kommunikationstechnik, die Kommunikationstechniken

der Fernhandelsweg, die Fernhandelswege
das Transportwesen, –

sich beschleunigen, er/sie hat sich beschleunigt
die ganze Welt umspannend

Der Welthandel

Ein wichtiger Punkt bei der Globalisierung ist auch der Transport. Es gibt heute **Containerschiffe**, die sehr große **Warenmengen** kostengünstig transportieren können.

Es wird aber nicht nur mit Waren gehandelt, sondern auch mit **Dienstleistungen**. So gibt es zum Beispiel in Indien Tausende Arbeitsplätze im Bereich der Computer-Dienstleistungen. Dort werden in **Call-Centern** für Englisch sprechende Kunden bestimmte Aufträge bearbeitet.

1 Ordne die folgenden Sätze in die Tabelle ein. Was gehört wohin?

Informationen werden ausgetauscht. • Waren werden gekauft und verkauft. • Waren werden an Kunden geliefert. • Kunden werden in Call-Centern beraten.

Kommunikation	Handel und Transport

Waren werden importiert und exportiert

Frau Müller arbeitet in einem großen Verbrauchermarkt. Sie erzählt:

„Der Großhandel gehört zu einer Handelskette. Diese Handelskette ist europaweit vertreten. Viele Waren kommen aus dem Ausland: Obst und Gemüse kommen aus Südeuropa, Fleischwaren kommen aus Osteuropa, Holzmöbel aus Nordeuropa. Bei uns gibt es auch Waren aus fernen Ländern, zum Beispiel Reis aus Indien oder Kaffee aus Südamerika. Ich weiß auch, dass viele Waren aus Deutschland ins Ausland ausgeführt werden. Dazu gehören: elektrische Haushaltsgeräte, Fernseher, Unterhaltungselektronik, Sportgeräte, Glaswaren und optische Geräte. Diese Waren aus Deutschland sind weltweit sehr gefragt."

Die Einfuhr von ausländischen Waren nennt man **Import**.
Die Ausfuhr von einheimischen Waren ins Ausland nennt man **Export**.

2 Sieh dir die folgenden Produkte an.

– Welche Produkte werden aus dem Ausland nach Deutschland importiert?

– Welche Produkte werden aus Deutschland ins Ausland exportiert?

die Orangen 

das Mikroskop 

der Fernseher 

das Sportgerät 

der Reis 

die Waschmaschine 

der Kaffee 

das Holzmöbel 

3 Trage die Wörter in die Tabelle ein.

Import (Einfuhr)	Export (Ausfuhr)

4 Wo kommen die Produkte her?
Bilde korrekte Sätze und schreibe die Sätze in dein Heft.

Reis Kaffee	kommt	aus Südamerika aus Indien aus Südeuropa aus Osteuropa aus Nordeuropa	nach Deutschland.
Orangen Fleischwaren Holzmöbel	kommen		

die Ausfuhr, die Ausfuhren
die Dienstleistung, die Dienstleistungen
die Einfuhr, die Einfuhren
die Ware, die Waren

die Warenmenge, die Warenmengen
der Export, die Exporte
der Import, die Importe
der Transport, die Transporte
der Großhandel, –
der Welthandel, –

austauschen, sie werden ausgetauscht (Passiv)
kaufen, sie werden gekauft (Passiv)
verkaufen, sie werden verkauft (Passiv)
liefern, sie werden geliefert (Passiv)
beraten, sie werden beraten (Passiv)

Dein Smartphone – ein globales Produkt

Dein Smartphone hat einen langen Weg hinter sich, bevor du es in den Händen hältst.

1 **Lies den Text.**

2 **Schreibe die passenden Überschriften über die Textabschnitte.**

Vermarktung in Europa und Nordamerika • Zusammenbau in Asien • Rohstoffabbau in Afrika

Der Weg eines Smartphones

1 ______________________

In deinem Smartphone stecken viele wertvolle Metalle: Kobalt, Tantal (aus Coltan), Zinn und noch weitere. Diese **Rohstoffe** kommen aus **Afrika**, zum Beispiel aus **Kongo**. Die Menschen, die dort im Bergbau arbeiten, haben sehr schlechte Arbeitsbedingungen. Sie arbeiten täglich bis zu 10 Stunden ohne Schutzkleidung und sie verdienen für die harte Arbeit weniger als 2 Euro am Tag. Die Arbeit in den Minen ist oft lebensgefährlich.

2 ______________________

Die meisten Smartphones werden dann in **Asien**, vor allem in **China** zusammengebaut. In den Fabriken arbeiten meist junge Frauen. Sie arbeiten 10 bis 12 Stunden am Tag und 6 bis 7 Tage in der Woche. Einerseits bedeutet das für sehr viele Menschen eine sichere Beschäftigung. Andererseits ist der Arbeitslohn sehr niedrig und die Arbeit am Fließband wird streng kontrolliert.

3 ______________________

Die Smartphones werden meistens in **Europa** und **Nordamerika** vermarktet. Große Mobilfunk-Unternehmen verkaufen die Geräte. Die Kunden kaufen immer die neuesten Modelle. Ein Smartphone wird oft schon nach 2 Jahren ausgetauscht. Die alten Geräte werden oft nicht richtig entsorgt und landen als Elektro-Schrott auf Mülldeponien.

3 **Lies noch einmal den Text auf der linken Seite.**
In welchem Absatz findest du die folgenden Informationen? Trage die Nummer ein.

Im Smartphone sind wertvolle Metalle (zum Beispiel Kobalt, Tantal, Zinn) enthalten.	☐
In den Fabriken in China arbeiten junge Frauen unter sehr harten Bedingungen.	☐
Die Rohstoffe für ein Smartphone kommen aus Afrika (zum Beispiel Kongo).	☐
Die Smartphones werden in Europa und Nordamerika vermarktet.	☐
Ein Smartphone wird oft nach 2 Jahren ausgetauscht.	☐
Die meisten Smartphones werden in Asien zusammengebaut.	☐

4 **Sieh dir die Karte an. Die Karte zeigt die Produktionskette eines Smartphones.**

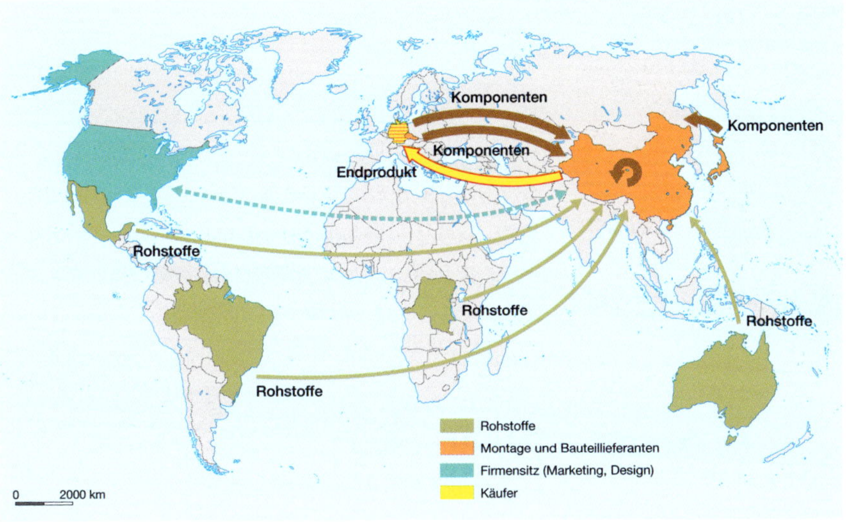

die Komponenten =
die Bestandteile

die Montage =
der Zusammenbau

5 **Trage die Produktionskette eines Smartphones in die Tabelle ein.**
Der Text und die Karte helfen dir.

in Kongo, Südamerika und Australien • in Europa und Nordamerika • in Asien (China) • Bergbauarbeiter • Fabrikarbeiterinnen • Mobilfunk-Unternehmen • Komponente werden zusammengebaut • Endprodukte werden verkauft • Erz für wertvolle Metalle wird abgebaut

	Rohstoffabbau	Produktion	Handel und Vertrieb
Wo?			
Wer?			
Was passiert dabei?			

die Komponente, die Komponenten
die Mine, die Minen
der Rohstoff, die Rohstoffe

der Rohstoffabbau, die Rohstoffabbauten
der Vertrieb, die Vertriebe

entsorgen, sie werden entsorgt (Passiv)
vermarkten, sie werden vermarktet (Passiv)

Die Folgen der Globalisierung

Die Globalisierung der Produktion bedeutet auch Probleme für die Menschen und für die Umwelt.

1 Lies den Text. Was sind die Folgen der Globalisierung?

Die Globalisierung bietet einerseits viele Vorteile und treibt den Wohlstand in einigen Ländern voran. Andererseits ist die weltweite Globalisierung der Warenproduktion auch umstritten: Die wirtschaftliche Macht wächst und sie konzentriert sich auf wenige Länder und Großunternehmen, während viele Menschen für einen Billiglohn arbeiten müssen und die armen Länder dieser Welt in neue Abhängigkeiten geraten. Das ist auch eine Folge der Globalisierung.

2 Lies die Argumente in den Sprechblasen.

Folgen für die Menschen

*Ein großer Teil der Smartphones wird bei uns in China produziert. Das sichert für viele Tausend Menschen Arbeitsplätze. Einerseits werden die Arbeitsbedingungen oft kritisiert. Andererseits bedeutet der **Arbeitsplatz** für uns eine Möglichkeit, **Geld zu verdienen**.*

*Das Großunternehmen aus Europa, wo ich früher gearbeitet habe, hat seinen Standort nach Asien verlegt. Das bedeutet für viele von uns den **Verlust des Arbeitsplatzes**. Einerseits will das Unternehmen die Produktionskosten senken und aus diesem Grund die Produktion auslagern. Andererseits werden dadurch viele Menschen arbeitslos.*

Folgen für die Umwelt

*Coltan ist ein Rohstoff, der zum Beispiel in Afrika vorkommt und aus dem das Metall Tantal gewonnen wird. Tantal wird für die Herstellung von vielen Instrumenten, von elektronischen Geräten und auch von Smartphones benötigt. Für den Rochstoffabbau wurden bei uns große Wälder zerstört. Der **Lebensraum** von vielen **Tieren** (zum Beispiel Gorillas) **wird** dadurch **bedroht**. Das kann so nicht weitergehen!*

*Ein großes Problem ist die richtige **Entsorgung** von Elektro-Schrott. Smartphones enthalten giftige Rohstoffe und gehören zum **Sondermüll**. Sie enthalten aber auch viele **wertvolle Rohstoffe**, die **wiederverwertet** werden können. Das nennt man **Recycling**. Deswegen ist es wichtig, die alten Smartphones bei Annahmestellen abzugeben, damit sie sachgerecht entsorgt werden können.*

Eine Diskussion vorbereiten und durchführen

1 **Trage die Folgen der Globalisierung in die Tabelle ein.**

Großunternehmen erzielen hohe Gewinne • neue Arbeitsplätze entstehen • Rohstoffabbau gefährdet den Lebensraum von Tieren • für einen Billiglohn arbeiten • Elektro-Müll ist umweltschädlich und soll richtig entsorgt werden • Verlust von Arbeitsplätzen

	Folgen in den armen Ländern	Folgen in den reichen Ländern
für die Menschen		
für die Umwelt		

2 **Bilde Sätze mit „einerseits – andererseits". Verbinde die passenden Satzteile.**

Einerseits werden Rohstoffe für die Smartphone-Produktion benötigt, …	… **andererseits** bedeutet es für Mitarbeiter in reichen Ländern den Verlust von Arbeitsplätzen.
Einerseits erzielen Großunternehmen in reichen Ländern hohe Gewinne, …	… **andererseits** werden die Arbeiter von Großunternehmen aus dem Ausland abhängig.
Einerseits entstehen in den armen Ländern neue Arbeitsplätze, …	… **andererseits** gefährdet der Rohstoffabbau den Lebensraum von Tieren.

3 **Versuche, eigene Sätze mit „einerseits – andererseits" zu bilden.**

die Abhängigkeit, die Abhängigkeiten
die Bedrohung, die Bedrohungen
die Entsorgung, die Entsorgungen
die Umwelt, –
der Arbeitsplatz, die Arbeitsplätze
der Gewinn, die Gewinne
der Lebensraum, die Lebensräume
der Lebensunterhalt, –
der Lohn, die Löhne
der Verlust, die Verluste
der Wohlstand, –
das Recycling, –
das Unternehmen, die Unternehmen
auslagern, er/sie lagert aus
bedrohen, er/sie wird bedroht (Passiv)
Geld verdienen, er/sie verdient Geld
verlegen,
er/sie hat verlegt
vorantreiben,
er/sie treibt voran
wiederverwerten,
sie werden
wiederverwertet (Passiv)

1 **Richtig oder falsch? Kreuze an.**

	richtig	falsch
Globalisierung bedeutet, dass die Menschen auf der ganzen Welt miteinander vernetzt sind.	☐	☐
Das Smartphone ist ein globales Produkt, weil man es überall kaufen kann.	☐	☐
Ein Smartphone besteht aus vielen Bauteilen, die an vielen Orten auf der Erde hergestellt werden.	☐	☐
Ich kann mein altes Smartphone einfach in den Hausmüll werfen.	☐	☐
Ein altes Elektrogerät gehört in den Sondermüll.	☐	☐

2 **Ordne den Begriffen die passende Erklärung zu.**

Ein Container ist	dass wertvolle Stoffe aus Abfall (Müll) wiederverwertet werden.
Ein Call-Center ist	Einfuhr von Waren ins Inland.
Export bedeutet	ein Behälter mit einheitlicher Größe für Transportgüter.
Import bedeutet	Ausfuhr von Waren ins Ausland.
Recycling bedeutet	eine Art Dienstleistung. Dort werden Kunden per Telefon beraten.

3 **Lies die folgenden Meinungen. Entscheide, ob die Meinungen für oder gegen die Globalisierung sprechen.**

	dafür	dagegen
Ich denke, die Globalisierung sichert in Asien für viele Menschen Arbeitsplätze.	☐	☐
Ich denke, die Globalisierung bedeutet für viele Menschen in Europa den Verlust von Arbeitsplätzen.	☐	☐
Ich denke, die Globalisierung kann Umweltprobleme verursachen.	☐	☐
Ich finde es gut, dass ich viele Produkte in Europa zu günstigen Preisen kaufen kann.	☐	☐
Ich finde es nicht gut, dass in den armen Ländern die Menschen für einen „Billiglohn" arbeiten müssen.	☐	☐

4 **Schreibe je einen Satz über die Folgen der Globalisierung für die Menschen und für die Umwelt auf. Schreibe in dein Heft.**

Die Folgen der Globalisierung für die Menschen sind, dass ...

Die Folgen der Globalisierung für die Umwelt sind, dass ...

das kann ich gut – das kann ich einigermaßen – das muss ich noch üben

das hilft mir	neue Wörter	in meiner Sprache
	die Globalisierung, –	
	der Fernhandelsweg, die Fernhandelswege	
	der Globus, die Globusse/Globen	
	die ganze Welt umspannend	
	global	
	vernetzt	
	weltweit	
	die Dienstleistung, die Dienstleistungen	
	die Ware, die Waren	
	die Warenmenge, die Warenmengen	
	der Export, die Exporte	
	der Import, die Importe	
	der Rohstoff, die Rohstoffe	
	der Rohstoffabbau, die Rohstoffabbauten	
	der Transport, die Transporte	
	der Großhandel, –	
	der Welthandel, –	
	die Bedrohung, die Bedrohungen	
	die Entsorgung, die Entsorgungen	
	die Umwelt, –	
	der Lebensraum, die Lebensräume	
	das Recycling, –	
	bedrohen, er/sie wird bedroht (Passiv)	
	wiederverwerten, er/sie wird wiederverwertet (Passiv)	

prima ankommen im Fachunterricht

DaZ-Arbeitsbuch Geschichte-Erdkunde-Politik Klasse 7–10

Dieses Arbeitsbuch gehört zur Reihe: Prima ankommen im Fachunterricht
Weitere Bestandteile der Reihe sind:
DaZ-Arbeitsbuch Geschichte-Erdkunde-Politik Klasse 5-6 (978-3-06-065609-7)
DaZ-Arbeitsbuch Deutsch Klasse 5-7 (978-3-06-060861-4)
DaZ-Arbeitsbuch Deutsch Klasse 8-10 (978-3-06-060862-1)
DaZ-Arbeitsbuch Biologie-Physik-Chemie Klasse 5-6 (978-3-06-010408-6)
DaZ-Arbeitsbuch Biologie-Physik-Chemie Klasse 7-10 (978-3-06-010409-3)
DaZ-Arbeitsbuch Mathematik Klasse 5-7 (978-3-06-000102-6)
DaZ-Arbeitsbuch Mathematik Klasse 8-10 (978-3-06-000103-3)

Bildquellen: **S. 5**: *alle oben* bpk; alle unten INTERFOTO/Sammlung Rauch; **S. 7**: akg-images; **S. 9**: *Mitte und unten* akg-images; **S. 12**: bridgemanimages.com; **S. 14**: akg-images; **S. 18**: *oben* bpk/Schalkwijk/Art Resource, NY; (c) Banco de México Diego Rivera Frida Kahlo Museums Trust/VG Bild-Kunst, Bonn 2017; *unten links* akg-images/Mel Longhurst; *unten rechts* bridgemanimages.com; **S. 20**: bpk/The Metropolitan Museum of Art; **S. 21**: bridgemanimages.com; **S. 27**: *2. von oben* bridgemanimages.com; **S. 33**: *(1)* Shutterstock/Wojciech Dziadosz; *(2)* akg-images/De Agostini/N. Cirani; *(3)* Fotofinder/©Biosphoto; *(4)* mauritius images/imagebroker/Tony Hamblin FLPA; *(5)* Shutterstock/Inu; *(6)* Fotolia/white_bcgrd; *(7)* Fotolia/Adwo; *(8)* Fotolia/quickshooting; **S. 25**: *oben links* Fotolia/Howard Perry; *oben Mitte* Fotolia/Budimir Jeivtic; *oben rechts* Fotolia/redchanka; *unten links* INTERFOTO/Danita Delimont/Hugh Rose; *unten Mitte* Colourbox/Igor Poleshchuk; *unten rechts* Fotofinder/xinhua; **S. 42**: Fotolia/grafikplusfoto; **S. 44**: ddp images/Nigel Treblin; **S. 47**: *oben* Fotolia/grafikplusfoto; *unten* ddp images/Nigel Treblin; **S. 48**: *(1)* bpk/British Library Board/Robana; *(2)* bpk/Franz Tellgmann; *(3)* bpk; *(4)* bpk/Heinrich Hoffmann; *(5)* dpa Picture-Alliance/ZB/dpa-Zentralbild/Deutsche Fotothek; *(6)* akg-images; **S. 51**: akg-images; **S. 52**: *Mitte links und unten rechts* bpk; **S. 54**: *oben links* bpk/Kunstbibliothek, SMB; *oben rechts* bpk; *unten links* bpk; *unten rechts* bpk/Carl Weinrother; **S. 55**: *links* action press/ullstein – Archiv Gerstenberg; *Mitte* bpk; *rechts* dpa Picture-Alliance/Sammlung Saue/dpa/Sammlung Sauer; **S. 57**: Glowimages /Prisma RM; **S. 58**: *oben links* dpa Picture-Alliance/ZB/dpa/Deutsche Fotothek; *oben rechts* DIZ München GmbH/Süddeutsche Zeitung Photo; *unten links* dpa Picture-Alliance/ZB/dpa/Berliner Verlag; *unten rechts* DIZ München GmbH/Süddeutsche Zeitung Photo/Scherl; **S. 60**: akg-images; **S. 61**: akg-images; **S. 64**: *2. von oben* akg-images; *unten* bpk/Kunstbibliothek, SMB; **S. 65**: *oben* Glowimages/Prisma RM; *2. von oben* DIZ München GmbH Süddeutsche Zeitung Photo/ Scherl; *2. von unten* akg-images; *unten* akg-images; **S. 66**: *oben links* picture-alliance; *oben rechts* akg-images; *Mitte links* bpk; *Mitte rechts* akg-images; *unten links* akg-images/AP; *unten rechts* OKAPIA/imageBROKER/Norbert Michalke; **S. 67**: akg-images; **S. 70**: *oben* akg-images/Erich Lessing; *Mitte* bpk/Herbert Fiebig; *unten* SZ/Photo/ap/dpa/picture alliance; **S. 74**: *oben* picture-alliance/ZB; *Mitte* VISUM/Thomas Raupach; *unten* imago/imagebroker; **S. 77**: *oben* OKAPIA/imageBROKER/Norbert Michalke; *Mitte* SZ/Photo/ap/dpa/picture alliance; *unten* VISUM/Thomas Raupach; **S. 78**: Fotolia/Katja Xenikis; **S. 79**: Deutscher Bundestag/Marc-Steffen Unger/VG Bild-Kunst, Bonn 2017; **S. 82**: Fotolia/Butch; **S. 87**: *oben* Fotolia/sehbaer_nrw; *unten* Fotolia/Photocreo Bednarek; **S. 89**: *oben* Fotolia/Katja Xenikis; *unten* Fotolia/Photocreo Bednarek; **S. 91**: Landeshauptstadt Düsseldorf; **S. 102**: *(1) und (2)* Colourbox; *(3)* mauritius images/Pixtal/WE120434; *(4)* TOPICMedia Service; *(5)* Fotolia/Bertold Werkmann; (6); **S. 103**: Fotolia/Composer; **S. 104**: *oben* Flip Franssen/Hollandse Hoogte/laif; *unten* mauritius images/Pixtal/WE120434; **S. 105**: Orangen Colourbox; Kaffee shutterstock/KingJC; Waschmaschine shutterstock/kavione; Mikroskop shutterstock/Pro3DArtt; Reis Fotolia/winston; Sportgerät Fotolia/Ro; Fernseher Fotolia/Ricardo Rohland; Holzmöbel Fotolia/gena96; **S. 112**: oben Fotolia/lassedesignen; *2. von oben* dpa Picture-Alliance/AP Photo; *2. von unten* imago/imago/China Foto Press; *unten* Fotolia/stadtratte; **S. 111**: *Mitte* Flip Franssen/Hollandse Hoogte/laif; *unten* Fotolia/pico

Karten: Carlos Borrell Eiköter: S. 17 (Wdh. S. 27 oben), S. 26, 32, (Wdh. Ausschnitt S. 39 unten), S. 49, 50, 56 unten, S. 59, 62, (Wdh. S. 64 oben), S. 69, 76 (Wdh. Ausschnitt S. 77 2. von oben), S. 90 Weltkarte (Wdh. Ausschnitt S. 101 oben), S. 92; **Dieter Stade**: S. 107; **Volkhard Binder**: S. 68

Grafiken: Klaus Becker: S. 9 oben (Wdh. S. 15 Mitte); **Michael Teßmer**: S. 8 alle, S. 22 oben; **Wolfgang Mattern**: S. 30, 36; **Hans Wunderlich**: S. 10 (Wdh. S. 15 2. von unten); **Joana Stratmann**: S. 6 (Wdh. S. 15 2. von oben)

Projektleitung:	Terezia Petö
Redaktion:	Uschi Pein-Schmidt, Sickte
Illustrationen:	Gregor Mecklenburg, Pinneberg
Umschlaggestaltung:	Rosendahl Berlin, Agentur für Markendesign
Umschlagfoto:	Fotolia/ehdghk1981
Layout und technische Umsetzung:	CMS – Cross Media Solutions GmbH, Würzburg

www.cornelsen.de

1. Auflage, 1. Druck 2017

Alle Drucke dieser Auflage sind inhaltlich unverändert und können im Unterricht nebeneinander verwendet werden.

Druck: Parzeller print & media GmbH & Co. KG, Fulda

ISBN: 978-3-06-065610-3

Klasse 7 – 10

prima ankommen
im Fachunterricht

Geschichte · Erdkunde · Politik

Arbeitsbuch DaZ

Lösungen

Cornelsen

Kapitel 1: Leben im Mittelalter

Seite 4

1
1. die Kirche
2. die Stadtmauer
3. die Bäckerstraße
4. das Rathaus
5. der Marktplatz

2 Auf dem Marktplatz arbeiteten und verkauften Bauern aus der Umgebung ihre Produkte.
In der Bäckerstraße wohnten viele Bäcker.
Im Rathaus erledigten die Menschen wichtige Dinge und bestimmten über Regeln und Gesetze.

Seite 5

3

a	Welches Gebäude stand in einer mittelalterlichen Stadt meistens im Zentrum?
	eine Bäckerei
	eine Bibliothek
x	eine Kirche
b	Was umgab meistens eine mittelalterliche Stadt?
	ein Fluss
x	eine Stadtmauer
	eine große Straße

4 a
Die Zunftzeichen gehören von links nach rechts zu:
Schere zum Schneider (Holzschnitt in der Mitte)
Brezel zum Bäcker (Holzschnitt rechts)
Hammer zum Schmied (Holzschnitt links)

b
Das Zunftzeichen der Schmiede zeigt einen Hammer.
Das Zunftzeichen der Schneider zeigt eine Schere.
Das Zunftzeichen der Bäcker zeigt eine Brezel.

Seite 6

1
1. der König
2. der Bischof
3. der Herzog
4. die Adligen
5. der Ritter
6. die Geistlichen
7. die Bürger
8. der Dienstmann
9. die Bauern

Seite 7

2 a
Beschriftung von links nach rechts:
die Geistlichen (links von Jesus)
die Bauern (vor Jesus)
die Adligen (rechts von Jesus)

b
die Geistlichen: „Du sollst beten."
die Bauern: „Du sollst arbeiten."
die Adligen: „Du sollst beschützen."

3 Die Bauern mussten schwer arbeiten.
Die Adligen mussten die anderen Menschen beschützen.
Die Geistlichen mussten Gott besonders dienen.
Die Menschen im Mittelalter lebten sehr unterschiedlich.
Die Menschen im Mittelalter gehörten alle einem festgelegten Stand an.

Seite 8

1 Die Bauern mussten dem Grundherrn gehorchen.
Die Bauern mussten dem Grundherrn Frondienst leisten.
Die Bauern mussten dem Grundherrn Abgaben leisten.
Die Bauern durften nicht in ein anderes Dorf ziehen.
Die Bauern durften nicht über ihr eigenes Leben bestimmen.
Die Bauern durften nicht ohne Genehmigung des Grundherrn heiraten.

2 Bild links: Getreide ernten
Bild Mitte: Fische fangen
Bild rechts: Schafe hüten

Seite 9

2 Bild oben: das Ritterturnier
Bild unten: Ritter und Burgfräulein

Seite 10

1 Bild links: im Klostergarten
Bild Mitte: im Spital
Bild rechts: in der Bibliothek

3 In der Klosterschule wurden junge Menschen unterrichtet.
In der Bibliothek wurden Bücher gelesen und abgeschrieben.
In dem Spital wurden alte und kranke Menschen gepflegt.
In der Klosterkirche wurde mehrmals am Tag gebetet.
In dem Klostergarten wurde Gemüse und Heilpflanzen angebaut.

Seite 11

4

	richtig	falsch
Nonnen und Mönche dürfen keinen eigenen Besitz haben.	X	
Nonnen und Mönche haben viel Freizeit, weil Faulheit gut für die Seele ist.		X
Meistens arbeiten die Nonnen und Mönchen außerhalb des Klosters.		X
Nonnen und Mönche sollen nur beten.		X
Alles gehört allen.	X	

6 *So könnte deine Lösung lauten:*
Ich finde das Klosterleben im Mittelalter nicht gut, weil Nonnen und Mönche nicht heiraten durften.
Ich finde das Klosterleben im Mittelalter nicht gut, weil Nonnen und Mönche nichts Eigenes besitzen durften.
Ich finde das Klosterleben im Mittelalter gut, weil Nonnen und Mönche in Sicherheit leben konnten.
Ich finde das Klosterleben im Mittelalter gut, weil Nonnen und Mönche meistens genügend Nahrung hatten.

Seite 12

1
1. Spanien
2. die Halbinsel von Italien („Stiefel")
3. die Insel Sizilien
4. die Küste von Nordafrika
5. die Arabische Halbinsel
6. der Fluss Nil

Seite 13

2

	richtig	falsch
Die meisten Menschen im Mittelalter wussten ziemlich wenig über die Welt.	X	
Die Seefahrer wussten über die fernen Länder besonders viel.	X	
Al-Idrisi hat die Weltkarte allein aus dem Kopf gezeichnet.		X
Al-Idrisi kannte viele Reisende und Seefahrer, die ihm berichtet haben.	X	
Die Weltkarte von Al-Idrisi sieht genauso aus wie eine heutige Weltkarte.		X
Die Weltkarte von Al-Idrisi zeigt nur einen Ausschnitt aus der heutigen Welt.	X	
Al-Idrisis Karte zeigt Nordeuropa etwas ungenau.		X

4

Gewürze	Früchte/ Gemüse	Stoffe/ Kleidung	Möbel/ Sport	Wissen-schaft/ Medizin
der Ingwer	die Aubergine	der Damast	das Sofa	die Algebra
der Muskat	die Orange	der Chiffon	die Matratze	der Balsam
der Zimt	der Pfirsich	der Schal	das Schach	das Elixier

Seite 14

1

	richtig	falsch
Im Mittelalter gehörten alle Menschen einem festgelegten Stand an.	X	
Es war leicht, in einen anderen Stand zu wechseln.		X
Der König war die wichtigste und mächtigste Person.	X	
Die Ritter waren die adligen Kämpfer des Mittelalters.	X	
Auf der Ritterburg lebten nur Männer und Bedienstete.		X
Die meisten Menschen im Mittelalter lebten auf dem Lande.	X	
Die Bauern hatten nur im Sommer viel zu tun, sonst waren sie frei.		X
In einem Kloster lebten Mönche oder Nonnen.	X	
Das Leben im Kloster war nicht streng geregelt, nur das Beten war wichti		X
Die meisten Menschen im Mittelalter wussten nur wenig über die Welt, weil sie nicht viel reisen konnten.	X	

2
3. Hier konnten die Menschen Waren kaufen und verkaufen.
4. Hier wurden wichtige Gesetze beschlossen.
1. Hier hielten die Priester sonntags Gottesdienste.
2. Diese Anlage schützte die Stadt.
5. Hier konnten die Tiere Wasser trinken.

Kapitel 2: Neue Welten – neue Horizonte

Seite 17

1 *Eintragungen von oben nach unten:*
Leif Erikson: 990
Kolumbus: 1492
Cortés: 1519
Nuñez: 1513
Pizarro: 1531
Magellan: 1520

Seite 19

2 Die Maya hatten eine eigene Schrift entwickelt.
Die Menschen in Amerika hatten sich den verschiedenen Bedingungen angepasst.
Die Azteken hatten eine riesige Hauptstadt gebaut.
Manche Völker hatten eine gute Verwaltung entwickelt.
Die Inka hatten Terrassenfelder angelegt.
Die Menschen hatten verschiedene Lebensweisen entwickelt.

3 Kolumbus: 1. Ich habe einen neuen Weg nach Indien gefunden.
Mönch: 2. Die Indianer sind alle gleich.
Azteke: 3. Die Fremden sind Götter.
Indianer: 4. Hoffentlich fahren sie bald wieder weg.

Seite 20

1
1. Was für ein Text ist das? Am 12. Oktober 1491.
   – Ein Tagebuch.
2. Wer sollte den Text lesen?
   – Der König und die Königin von Spanien.
3. Wann hat Kolumbus den Text geschrieben?
   – Am 12. Oktober 1491.
4. Was hat Kolumbus den Einheimischen gegeben?
   – Glasperlen und kleine Glocken.
5. Was ist Kolumbus besonders aufgefallen?
   – Die Einheimischen kannten kein Eisen und keine scharfen Waffen.
6. Was hofft Kolumbus?
   – Er hofft, dass die Einheimischen den Spaniern gut dienen und dass sie Christen werden.

Seite 21

2

Jahr	Einwohner
1518	25 Millionen
1533	17,5 Millionen
1548	6 Millionen
1563	3 Millionen
1578	2,5 Millionen
1593	1,5 Millionen

Seite 22

1 von Amerika nach Europa: Holz, Mais, Kautschuk, Vanille, Tabak, Kakteen, Strauße, Kartoffeln, Ananas, Tomaten, Kakao
Von Europa nach Amerika: Weizen, Gerste, Roggen, Hafer, Kirschen, Birnen, Enten, Hühner, Schweine, Pferde, Ziegen, Schafe, Kühe

2 Von Amerika nach Europa wurde Holz gebracht.
Von Amerika nach Europa wurde Mais gebracht.
Von Amerika nach Europa wurde Kautschuk gebracht.
Von Amerika nach Europa wurde Vanille gebracht.
Von Amerika nach Europa wurde Tabak gebracht.
Von Amerika nach Europa wurden Kakteen gebracht.
Von Amerika nach Europa wurden Strauße gebracht.
Von Amerika nach Europa wurden Kartoffeln gebracht.
Von Amerika nach Europa wurde Ananas gebracht.
Von Amerika nach Europa wurden Tomaten gebracht.
Von Amerika nach Europa wurde Kakao gebracht.

Von Europa nach Amerika wurde Weizen gebracht.
Von Europa nach Amerika wurde Gerste gebracht.
Von Europa nach Amerika wurde Roggen gebracht.
Von Europa nach Amerika wurde Hafer gebracht.
Von Europa nach Amerika wurden Kirschen gebracht.
Von Europa nach Amerika wurden Birnen gebracht.
Von Europa nach Amerika wurden Enten gebracht.
Von Europa nach Amerika wurden Hühner gebracht.
Von Europa nach Amerika wurden Schweine gebracht.
Von Europa nach Amerika wurden Pferde gebracht.
Von Europa nach Amerika wurden Ziegen gebracht.
Von Europa nach Amerika wurden Schafe gebracht.
Von Europa nach Amerika wurden Kühe gebracht.

3 von Europa nach Afrika: 2, 4, 6, 8
von Afrika nach Amerika: 7
von Amerika nach Europa: 1, 3, 5, 9

Seite 23

4
1. Spanier
2. Criollos
3. Mestizen
4. Indios
5. Sklaven

Seite 24

1

vor 1468	nach 1468
Bücher mussten mit der Hand abgeschrieben werden.	Bücher wurden mit beweglichen Lettern gedruckt.
Es dauerte sehr lange, ein Buch herzustellen.	Es ging viel schneller, ein Buch herzustellen.
Bücher waren sehr teuer.	Bücher wurden immer billiger.

Seite 25

1

geozentrisches Weltbild	heliozentrisches Weltbild
In der Mitte ist die Erde.	In der Mitte ist die Sonne.
Die Erde bewegt sich nicht.	Die Erde bewegt sich.
Die Sonne und die Planeten drehen sich um die Erde.	Die Erde und die anderen Planeten drehen sich um die Sonne.

Seite 26

1
roter Pfeil: Erikson
grüner Pfeil: Kolumbus
gelber Pfeil: Magellan
blauer Pfeil: Cortés
rosa Pfeil: Pizarro
grauer Pfeil: Nuñez

2

	richtig	falsch
In Amerika gab es mehrere Hochkulturen.	X	
Die Hauptstadt der Inka hieß Tenochtitlan.		X
Die Maya hatten eine eigene Schrift.	X	
Mit Terrassenfeldern und Bewässerung konnten viele Menschen ernährt werden.	X	
Die Indianer waren alle gleich.		X

3
Der Buchdruck wurde von Johannes Gutenberg erfunden.
Die einzelnen Buchstaben wurden aus Metall gegossen.
Die gedruckten Bücher wurden von vielen Menschen gekauft.
Die Sterne wurden von Kopernikus beobachtet.
Die Beobachtungen des Kopernikus wurden von Galileo bestätigt.

Kapitel 3: Wetter und Klima

Seite 28

2 Kamel: Karte 2 aus Tunesien
Papagei: Karte 1 aus Peru
Hundeschlitten: Karte 3 aus Schweden
Meer: Karte 4 von der Ostsee
Insel: Karte 5 aus Spanien

Seite 29

3 Lena würde gerne den Regenwald sehen.
Max würde gerne mit dem Hundeschlitten fahren.
Amina würde gerne nach Spanien fahren.
Eden würde gerne an die Ostsee fahren.
Hassan würde gerne im Herbst gar nicht aus dem Haus gehen.

4

	richtig	falsch
Wetter gibt es nur im Sommer.		x
Überall auf der Erde gibt es Wetter.	x	
Wetter setzt sich aus Temperatur, Niederschlag und Wind zusammen.	x	
Wenn man Wetter in einem Gebiet über einen längeren Zeitraum beobachtet, dann erfährt man etwas über das Klima.	x	
Wenn man Wetter in einem Gebiet über einen sehr kurzen Zeitraum beobachtet, dann erfährt man etwas über das Klima.		x

5

der Niederschlag	die Temperatur
der Regen	die Sonne
der Schnee	die Wärme
die Regenwolke	die Hitze
feucht, nass, regnerisch, trocken	warm, kalt, heiß
wird gemessen in: mm (Millimeter)	wird gemessen in: mm (Grad Celsius)

Seite 30

1
1. Nordpol
2. kalte Zone
3. heiße Zone
4. Äquator
5. gemäßigte Zone
6. Südpol

2

	richtig	falsch
Die Erdoberfläche am Äquator heizt sich sehr stark auf.	x	
Die Sonnenstrahlen fallen am Äquator ganz flach auf die Erdoberfläche.		x
Am Nordpol und am Südpol kann sich die Erdoberfläche nur gering erwärmen.	x	
Die Sonnenstrahlen fallen am Nordpol und am Südpol in einem flachen Winkel auf die Erde.	x	

Seite 31

4

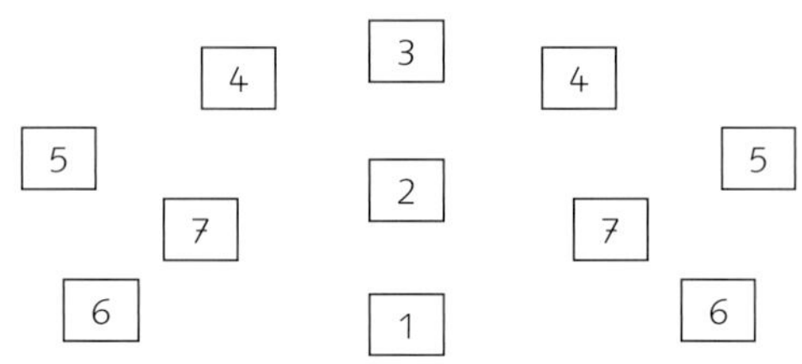

Seite 32

1

x	Die Klimazonen und die Vegetationszonen auf den Karten stimmen fast überein.
	Die Klimazonen und die Vegetationszonen auf den Karten passen gar nicht zusammen.

Seite 33

4
1. Eiswüste
2. Tundra
3. borealer Nadelwald
4. Laub- und Mischwald
5. Mittelmeer
6. Wüste
7. Savanne
8. Regenwald

Seite 35

1 In der Polarzone überleben nur Moose und Flechten.
In der gemäßigten Zone gibt es 4 Jahreszeiten.
In der subtropischen Zone gibt es feuchte Gebiete (Mittelmeerküste) und auch sehr trockene Gebiete (Wüsten).
In der tropischen Zone wächst der Regenwald.
Wo es kaum regnet und immer kalt ist, wachsen kaum (keine) Pflanzen.
Wo es viel regnet und warm genug ist, wachsen viele Pflanzen.

2 Eisbären leben im nördlichen Polargebiet.
Wildschweine leben im Laub- und Mischwald.
Papageien leben im Tropenwald.
Elche leben auf der Tundra.
Kamele leben in der Wüste.
Giraffen leben in der Savanne.

3 die Polarzonen
die gemäßigte Zonen
die tropische Zonen

Seite 36

1 *Beschriftung von links nach rechts:*
1. Name der Klimastation
2. Höhe über dem Meeresspiegel
3. Lage im Gradnetz
4. Temperaturachse
8. Säulen der monatlichen Niederschlagsmenge
5. Achse des Niederschlags
7. Temperaturkurve
6. Anfangsbuchstaben der Monate

2

	Ein Klimadiagramm zeigt das Wetter an einem bestimmten Ort.
x	Ein Klimadiagramm zeigt die Temperaturwerte und Niederschlagswerte an einem bestimmten Ort verteilt auf die 12 Monate des Jahres.

3
a Dortmund
b 51° N/7° O

Seite 37

4 In den Monaten von Januar bis Juli steigt die Temperaturkurve auf 18 Grad Celsius.
In den Monaten von Juli bis Dezember sinkt die Temperaturkurve auf 2 Grad Celsius.
In den Monaten von Januar bis Juli nimmt die Niederschlagsmenge zu.
In den Monaten von Juli bis Dezember nimmt die Niederschlagsmenge ab.

5
a Juli, 18
b Januar, 2
c Juli, 90
d Februar, 54

6 gemäßigte Zone

Seite 38

1 In der Polarzone gibt es Kältewüsten mit sehr wenig Niederschlag.
In der gemäßigten Zone gibt es vier Jahreszeiten.
In der tropischen Zone gibt es ein Tageszeitenklima mit viel Niederschlag.
Die subtropische Zone bildet den Übergang zwischen der gemäßigten und der tropischen Zone.
Die subpolare Zone bildet den Übergang zwischen der polaren und der gemäßigten Zone.

2

	richtig	falsch
Jede Klimazone hat eine typische Vegetation.	x	
In der gemäßigten Zone gibt es nur eine Vegetationszone.		x
Wo es viel regnet und warm genug ist, wachsen viele Pflanzen.	x	
In der tropischen Zone gibt es vier Jahreszeiten.		x
Der größte Teil von Europa liegt in der gemäßigten Zone.	x	

3 *Beschriftung von links nach rechts:*
die Wolkenbildung, viel Regen,
T, H, T,
die Wolkenauflösung, die Wolkenauflösung,
H, T, H,
kein Niederschlag, kein Niederschlag

Kapitel 4: Medien in der Demokratie

Seite 40

1 *Beschriftung von links nach rechts:*
das Smartphone
das Buch, die Zeitung
das Internet
der Laptop

2 Hassan surft im Internet.
Amina hört Musik mit dem Laptop.
Erfan spielt mit dem Smartphone.
Max liest die Zeitung.
Lena spielt mit dem Smartphone.
Eden liest ein Buch.

Seite 41

3 Von Mädchen wird das Handy am meisten genutzt.
Von Jungen wird das Internet am meisten genutzt.

4

a	Was zeigt uns diese Statistik?
	Die Statistik zeigt, welche Medien Erwachsene nutzen.
x	Die Statistik zeigt, welche Medien Jugendliche nutzen.
	Die Statistik zeigt, welche Handyspiele Jugendliche nutzen.
b	Bei welchem Medium gibt es Unterschiede zwischen Jungen und Mädchen?
	Große Unterschiede gibt es bei Computerspielen und Büchern.
	Keine Unterschiede gibt es zwischen Jungen und Mädchen.
x	Große Unterschiede gibt es bei der Nutzung von Büchern.
c	Was wird durch die Statistik deutlich?
x	Es wird deutlich, dass Jugendliche gerne das Smartphone benutzen.
	Es wird deutlich, dass Mädchen gerne Computerspiele spielen.
x	Es wird deutlich, dass Mädchen lieber Bücher lesen als Jungen.

5 a Einleitung: Allgemeine Informationen

b Beschreibung der Statistik

c Interpretation

Seite 42

1 Information: Nachrichten informieren über alles, was in der Welt passiert.
Meinungsbildung: Medien zeigen die verschiedenen Meinungen zu einem Problem.
Kontrolle: Medien decken Probleme auf und sie kontrollieren die Arbeit von Politikern.
Bildung: Medien vermitteln Wissen über Kultur und über viele andere Themen
Unterhaltung: Medien zeigen Sendungen, die Spaß machen und die interessant sind.

2

Die Nachrichten vermitteln uns …	
	Informationen.
	Rezepte.
x	Tickets.
Medien überprüfen …	
	das Wetter.
	die Mathetests.
x	ob sich Politiker korrekt verhalten.
Medien unterhalten die Menschen durch …	
	Chats.
	durch Wissen durch Musik und Erfahrungen.
x	Sportberichte.

Seite 43

3 Informationsfunktion
Meinungsbildungsfunktion
Kontrollfunktion
Bildungsfunktion
Unterhaltungsfunktion

4 *Zuordnung von links nach rechts:*
Informationsfunktion
Kontrollfunktion
Unterhaltungsfunktion
Meinungsbildungsfunktion
Bildungsfunktion

Seite 44

1

Medien dürfen ...	Medien müssen ...
Die Medien dürfen ihre Meinung frei sagen.	Die Medien müssen verschiedene Meinungen darstellen.
Die Medien dürfen über alle Probleme berichten.	Die Medien müssen die Wahrheit schreiben.
Die Medien dürfen alle Politiker kritisieren.	Die Medien müssen sich an die Gesetze halten.
	Die Medien müssen die Menschen informieren.

Seite 45

3

x	Kritikfunktion
	Unterhaltungsfunktion
	Bildungsfunktion
x	Informationsfunktion

4 Wie man berichtet, ...
Man verhaftete den Bürgermeister Meier gestern Abend.
Man wirft dem Bürgermeister Korruption vor.
Man gibt bald Namen der Politiker bekannt.

6 *So könnte deine Antwort aussehen:*
Ich finde, die Zeitung sollte berichten. Denn die Firma verstößt gegen Gesetze.
Ich finde, die Zeitung sollte berichten. Denn die Zeitung hat Kontrollfunktion.
Ich finde, die Zeitung sollte berichten. Denn die Leute verlieren den Arbeitsplatz.

Seite 46

1 Informationsfunktion
Kontrollfunktion
Unterhaltungsfunktion
Meinungsbildungsfunktion
Bildungsfunktion

2 Unterhaltungsfunktion
Informationsfunktion
Meinungsbildungsfunktion

3 *So könnte deine Antwort aussehen:*
Die Medien dürfen ihre Meinung frei sagen.
Die Medien müssen die Wahrheit schreiben.
Die Medien müssen sich an die Gesetze halten.

4 *So könnte deine Antwort aussehen:*
Ich finde, die Zeitung sollte nicht berichten. Denn das ist privat und die Information unwichtig.
Ich finde, die Zeitung sollte berichten. Denn das ist eine interessante Geschichte.

Kapitel 5: Das 20. Jahrhundert

Seite 48

1
1. Der Imperialismus
2. Der Erste Weltkrieg
3. Die Weimarer Republik
4. Hitler und der Nationalsozialismus
5. Der Zweite Weltkrieg
6. Die Gründung der UNO

Seite 49

2 *So könnte deine Lösung aussehen:*
Belgisch-Kongo wurde von Belgien kontrolliert.
Algerien wurde von Frankreich kontrolliert.
Libyen wurde von Italien kontrolliert.
Ägypten wurde von Großbritannien kontrolliert.
Angola wurde von Portugal kontrolliert.
Marokko wurde von Frankreich kontrolliert.
Kamerun wurde vom Deutschen Reich kontrolliert.
Deutsch-Südwestafrika wurde vom Deutschen Reich kontrolliert.

Seite 50

1

1	Deutschland und Frankreich wollten beide Marokko als Kolonie haben.
4	Wer am meisten Waffen und Munition produzierte, konnte den Gegner besiegen.
3	Die Soldaten gruben sich in Schützengräben und Bunkern ein.
5	Die Alliierten hatten mehr Waffen und Munition. Deshalb haben sie gesiegt.

2 Deutsches Reich – Österreich-Ungarn
Großbritannien – Frankreich – Russland

Seite 51

3 Die Alliierten
Großbritannien war mit Frankreich und Russland verbündet.
Im Jahr 1917 traten die auf USA der Seite der Alliierten in den Krieg ein.
Die Mittelmächte
Das Deutsche Reich war mit Österreich-Ungarn verbündet.

4

	richtig	falsch
Die Männer lachen und rufen etwas. Sie wirken aufgeregt.	X	
Die Männer werfen vor Freude ihre Hüte in die Luft. Sie sind fröhlich.	X	
Die Männer machen sich Sorgen über ihre Zukunft. Sie sind nachdenklich.		X
Die Männer wissen genau, was Krieg ist. Sie sind gelangweilt.		X
Die Männer glauben, dass der Krieg ein Abenteuer ist. Sie sind begeistert.	X	
Die Männer sind sich sicher, dass sie den Krieg gewinnen werden. Sie sind zuversichtlich.	X	

Seite 52

1 Bild 1 (Matrosen) – Text 2
Bild 2 (Verfassung) – Text 5
Bild 3 (Demonstration) – Text 3
Bild 4 (Kaiser Wilhelm II.) – Text 1
Bild 5 (Frauen wählen) – Text 6
Bild 6 (Verkündung der Republik) – Text 4

Seite 53

2

Jahr	1924	1928	1930	1932
Arbeitslose in Millionen	1,0	1,4	3,1	5,6
Wählerstimmen für die NSDAP in Prozent	3	3	18	27

Seite 54

1 *Beschriftung der Bilder von links nach rechts:*
Für Hitler und seine Anhänger konnte es nur ein deutsches Volk geben.
Diese Reden hielt Hitler vor vielen Menschen.
Schon die Kinder sollten sich daran gewöhnen, Hitler zu folgen.
Die Jungen durften auch mit Gewehren schießen.

Seite 55

1 *Beschriftung der Bilder von links nach rechts:*
1933
1938
1935

Seite 56

1

Jahr	Betrag in Milliarden (Mrd.) Reichsmark (RM)
1928	fast 1 Mrd. RM
1933	fast 1 Mrd. RM
1934	über 3 Mrd. RM
1935	5 Mrd. RM
1936	9 Mrd. RM
1937	11 Mrd. RM
1938	fast 16 Mrd. RM

2 Norwegen, Finnland, Frankreich, Belgien, Niederlande, Italien, Österreich, Tschechische Republik, Polen, Ungarn, Slowakei, Kroatien, Bosnien-Herzegowina, Montenegro, Albanien, Griechenland, Mazedonien, Serbien, Bulgarien, Rumänien, Moldau, Ukraine, Weißrussland, Litauen, Lettland, Estland, Russland (Teil), Ägypten (Teil), Libyen (Teil), Tunesien (Teil)

Seite 57

3 Auf dem Foto sieht man viele Frauen und Kinder.
Die Menschen sehen müde und traurig aus.
Hinter den Menschen erkennt man Güterwagen.
Einige Frauen tragen an ihrem Mantel einen Stern.
Manche Kinder tragen einen kleinen Beutel.
Alle Menschen auf dem Foto stehen in einer Reihe hintereinander.

Seite 58

4 *Beschriftung der Bilder von links nach rechts:*

4. Alliierte Flugzeuge bombardierten deutsche Städte.
1. Britische und nordamerikanische Truppen landeten an der Küste von Frankreich.
2. Viele junge Menschen wurden noch in den letzten Tagen des Krieges getötet.
3. 90000 deutsche Soldaten wurden von der Sowjetunion gefangen genommen.

5 1,95 Millionen Menschen flohen aus Ostpreußen nach Deutschland.
1,95 Millionen Menschen wurden aus Pommern nach Westdeutschland vertrieben.
0,6 Millionen Menschen wurden aus Weißrussland und Litauen nach Polen vertrieben.
1,1 Millionen Menschen zogen aus der Mitte Polens in den Westen.
1,1 Millionen Menschen wurden aus der Ukraine nach Polen vertrieben.
2,9 Millionen Menschen wurden aus der Tschechoslowakei nach Westdeutschland vertrieben.
0,7 Millionen Menschen wurden aus Ungarn, Rumänien und Jugoslawien nach Westdeutschland vertrieben.
3,25 Millionen Menschen wurden aus Schlesien nach Westdeutschland vertrieben.

6 11,85 Millionen

Seite 60

7 Als die alliierten Soldaten in Deutschland einrückten, befreiten sie auch die Menschen aus den Konzentrationslagern. Alliierten waren sehr entsetzt über die schrecklichen Dinge, die sie in den Lagern gefunden hatten. 21 führende Mitarbeiter von Hitler wurden von den Alliierten vor Gericht gestellt. Am Ende wurden 11 Angeklagte zum Tode verurteilt, 3 Angeklagte wurden freigesprochen, die übrigen mussten ins Gefängnis. Aber sehr viele Täter konnten ins Ausland fliehen oder unauffällig in Deutschland leben.

Seite 61

1 Die UNO wird 1945 gegründet
Das sind die Ziele der UNO
Die Soldaten der UNO heißen Blauhelme
Das machen die „Blauhelme"
Die UNO kämpft für den Frieden auf der Welt, manchmal ohne Erfolg

Seite 62

1

Name der früheren britischen Kolonie	heutiger Name des Landes	Jahr der Unabhängigkeit
Südafrikanische Union	Südafrika	1910–1919
Britisch-Ostafrika	Kenia	1961–1969
Ägypten	Ägypten	1910–1919
Uganda	Uganda	1961–1969
Rhodesien	Simbabwe	1980–1989
Betschuana-Land	Botswana	1961–1969
Britisch-Somaliland	Sambia	1960
Sudan	Sudan	1950–1959
Nigeria	Nigeria	1960
Goldküste	Ghana	1950–1959
Sierra-Leone	Sierra-Leone	1961–1969
Gambia	Gambia	1961–1969

Seite 63

1
1914: Der Erste Weltkrieg beginnt.
1918: Deutschland wird Republik.
1933: Hitler wird Reichskanzler.
1938: In Deutschland werden Synagogen zerstört.
1939: Die deutsche Armee überfällt Polen.
1945: Der Zweite Weltkrieg endet.
1951: Viele neue afrikanische Staaten entstehen.

2
Demokratie: Alle Bürger wählen das Parlament. Das Parlament bestimmt die Regierung und beschließt die Gesetze.
Monarchie: Der König oder Kaiser regiert das Land. Er allein bestimmt die Politik.
Diktatur: Eine Person oder Gruppe regiert das Land. Keiner kann die Regierung kontrollieren.

3

	richtig	falsch
Die Aufteilung der Welt nennt man Imperialismus.	X	
Im Ersten Weltkrieg waren Frankreich und das Deutsche Reich verbündet.		X
In der Weimarer Republik durften Frauen nicht wählen.		X
1929 geriet die Wirtschaft in eine Krise.	X	
Bei den Wahlen von 1932 erhielt die NSDAP die meisten Stimmen.	X	
Für die Nationalsozialisten gehörten Juden nicht zum deutschen Volk.	X	
1941 griff die Sowjetunion Deutschland an.		X
1943 verbündeten sich die Alliierten.	X	
1950 wurde die UNO gegründet.		X

Kapitel 6: Deutschland wird geteilt und wiedervereint

Seite 67

1
1. zerbombte Städte
2. Nahrungsmittel sind knapp
3. Kriegsgefangene
4. Trümmerfrauen
5. Mauerbau 1961
6. Mauerfall 1989

2 Viele Männer kamen in Kriegsgefangenschaft.
Viele Städte waren 1945 zerbombt.
Viele Flüchtlinge starben auf der Flucht.
Viele Frauen bauten aus den Trümmern die Häuser wieder auf.
Viele Menschen tauschten auf dem Schwarzmarkt ihren Besitz gegen Essen.

Seite 68

1 Erfurt lag in der sowjetischen Besatzungszone.
München lag in der US-amerikanischen Besatzungszone.
Dresden lag in der sowjetischen Besatzungszone.
Düsseldorf lag in der britischen Besatzungszone.
Magdeburg lag in der sowjetischen Besatzungszone.
Hamburg lag in der britischen Besatzungszone.

2 Im Zweiten Weltkrieg kämpften die Alliierten (Großbritannien, die USA, Frankreich und Russland) gemeinsam. Die Alliierten waren nach dem Krieg die Siegermächte. Die Siegermächte teilten Deutschland in 4 Besatzungszonen auf. Nach dem Krieg stritten sich die Alliierten oft und es bildeten sich 2 Lager. Die USA führte den Westen an. Die Sowjetunion führte den Osten an.

Seite 69

3 Nato: Belgien, BRD (Bundesrepublik Deutschland), Dänemark, Frankreich, Griechenland, Großbritannien, Italien, Luxemburg, Niederlande, Norwegen, Portugal, Spanien, Türkei
Warschauer Pakt: Albanien (1955–1961/1968), Bulgarien, DDR (Deutsche Demokratische Republik), Jugoslawien (1948–1962), Polen, Rumänien, Sowjetunion, Tschechoslowakei, Ungarn

Seite 70

1
a Viele Bürger in der DDR waren unzufrieden, weil sich die Wirtschaft in der DDR nur langsam entwickelte.

b Viele Bürger in der DDR waren unzufrieden, weil man nicht immer alle Waren kaufen konnte.

c Viele Bürger in der DDR waren unzufrieden, weil die Regierung in der DDR die Bevölkerung durch Spitzel kontrollierte und überwachte.

d Viele Bürger in der DDR waren unzufrieden, weil die Menschen ihre Meinung nicht frei sagen durften.

Seite 71

2

	richtig	falsch
Viele BRD-Bürger wollten lieber in der DDR leben.		x
Um die Stadt Berlin wurde eine Mauer gebaut.		x
Die Mauer trennte den östlichen und den westlichen Teil der Stadt Berlin.	x	
1961 wurde die Mauer zwischen den beiden deutschen Staaten gebaut.	x	
Eine Reise zwischen den beiden deutschen Staaten war kein Problem.		x

3
4
5
3
1
2

Seite 72

1 Lenas Onkel sagt, dass die Jugendweihe eine besondere Feier war.
Lenas Onkel erzählt, dass westliche Musik in der DDR verboten war.
Lenas Onkel erklärt, dass die Familie nur in der DDR oder in den Staaten des Warschauer Paktes Urlaub machen durfte.
Lenas Onkel meint, dass die Familie 10 Jahre auf ein Auto warten musste.
Lenas Onkel erinnert sich, dass fast alle Jugendlichen in einer Jugendorganisation der DDR waren.

Seite 73

2 Was haben Sie für Musik gehört?
Am liebsten haben wir Musik in englischer Sprache gehört. Deutsche Musik mochten wir gar nicht. Es gab viele Partys und Konzerte.
Wie alt waren Sie bei Ihrem ersten Urlaub ohne die Eltern?
Da war ich 14 Jahre alt. Ich durfte mit einer Jugendgruppe in die Berge fahren.
Was haben Sie in Ihrer Freizeit gemacht?
Nach der Schule und den Hausaufgaben durfte ich machen, was ich wollte. Oft habe ich mich mit Freunden getroffen und Musik gehört.
Erinnern Sie sich an ein besonderes Ereignis in Ihrer Jugend?
Ja! Ich erinnere mich an einen tollen Urlaub mit meinen Eltern am Meer.

3

	DDR	BRD
Der Staat organisierte die Freizeit der jungen Menschen.	x	
Die Bürger durften frei reisen.		x
Die bekanntesten Bands hießen „Karat" oder „Puhdys".	x	
Die Jugendweihe war ein besonderes Ereignis für die Jugendlichen.	x	
Die Autos hießen „Trabbi".	x	
Die Jugendlichen hörten oft englischsprachige Musik.		x

Seite 74

1 2
5
3
1
4

Seite 75

2 Im Mai 1989 erfuhren die Bürger, dass die Regierung der DDR die Wahlen gefälscht hatte.
Daraufhin demonstrierten viele DDR-Bürger gegen die Regierung. Das war verboten.
Am 7. November 1989 trat die DDR-Regierung zurück.
Am 9. November verkündete ein Politiker, dass die Menschen nun frei reisen konnten.
Tausende DDR-Bürger kamen sofort zu den Grenzübergängen.

3

a	An welchem Wochentag fanden die Demonstrationen statt?
	Samstag
x	Montag
	Donnerstag
b	Was wollten die Regierungen einiger östlicher Staaten?
	Sie wollten Krieg.
x	Sie wollten Reformen.
	Sie wolltenmehr Waffen.
c	Was riefen die Menschen?
	Wir sind Deutsche.
	Wir sind der Staat.
x	Wir sind das Volk.
d	Seit wann wollten die Regierungen einiger östlicher Staaten Veränderungen in ihren Ländern?
	seit den 1950er-Jahren
x	seit den 1980er-Jahren
	seit den 1990er-Jahren

4 Mai 1989: Die DDR-Bürger erfahren von der Wahlfälschung.
November 1989: Es finden Montagsdemonstrationen statt.
7. November 1989: Die DDR-Regierung tritt zurück.
9. November 1989: Die Mauer „fällt".
3. Oktober 1990: Die beiden deutschen Staaten werden wiedervereinigt.

Seite 76

1 8. Mai 1945: Der Zweite Weltkrieg ist zu Ende.
1949: Zwei deutsche Staaten werden gegründet.
1961: Die Regierung der DDR baut eine Mauer. Die Mauer trennt die beiden deutschen Staaten.
9. November 1989: Die DDR-Bürger dürfen wieder frei über die Grenze reisen. Die Mauer fällt.
3. Oktober: Die Die Wiedervereinigung wird jedes Jahr gefeiert. Der Nationalfeiertag heißt „Tag der Deutschen Einheit".

2 Der eiserne Vorhang verlief zwischen den rot und den blau eingefärbten Staaten.

3

	DDR	BRD
Der Staat organisierte die Freizeit der Jugendlichen.		x
Westliche Musik war verboten. Die Musik wurde nur heimlich gehört.		x
Die Bürger durften Urlaub auf der Insel Mallorca (Spanien) machen.	x	
Die Autos nannte man Trabbi.		x
Englische Musik war erlaubt.	x	

Kapitel 7: Demokratie in Deutschland

Seite 79

1
1. die Regierung
2. der Bundestagspräsident
3. die Protokollanten
4. der Redner/die Rednerin
5. die Vertreter des Bundesrates
6. der Bundeskanzler/die Bundeskanzlerin
7. die Abgeordneten
8. die Besucher

Seite 81

2 *Zuordnung von links nach rechts:*
B
A
C

3
1. Die gesetzgebende Gewalt
2. Die ausführende Gewalt
3. Die richterliche Gewalt

4 Der Bundespräsident wählt die Richter des Verfassungsgerichts.
Der Bundestag ernennt den Bundeskanzler.
Die Bürgerinnen und Bürger wählen den Bundestag.
Die Bürgerinnen und Bürger wählen die Landtage.
Die Landtage wählen die Landesregierungen.

5

	Regierung (Exekutive)	Parlament (Legislative)	Gerichte (Judikative)
Es wurde beschlossen, mehr Geld für neue Autobahnen auszugeben. Der Bundesminister für Verkehr muss sich darum kümmern, dass diese Autobahnen auch gebaut werden.	x		
Ein neues Gesetz muss geprüft werden, ob es der Verfassung entspricht.			x
Eine neue Bundeskanzlerin oder Bundeskanzler soll gewählt werden.		x	
Es soll geprüft werden, ob die Regierung ihre Arbeit gut macht oder ob sie zu viel Geld ausgibt.		x	
Es muss geprüft werden, ob die Regierung gegen ein Umweltgesetz verstoßen hat.			x
Die Bundeskanzlerin macht einen Vorschlag für ein neues Gesetz.	x		

Seite 82

1

	richtig	falsch
Deutschland besteht aus 24 Bundesländern.		x
Das Parlament eines Bundeslandes heißt Landtag.	x	
Der Chef einer Landesregierung heißt Landespräsident.		x
Die drei Stadtstaaten sind Berlin, Hamburg und Bremen.	x	

2 *individuelle Lösungen*

Seite 83

3 *Zuordnung von links nach rechts:*
Masken/Theater – die Kultur
Klasse 8a – die Bildung
Polizeiwagen – die Polizei
Straße – der Straßenverkehr
Bahn – der Schienenverkehr
Blumenwiese – der Umweltschutz
Windrad – die Energiepolitik
2 Politiker – die Außenpolitik
Containerschiff – der Außenhandel
Soldatin – die Bundeswehr
Ärztin – das Gesundheitswesen
Zollbeamter – der Zoll

4

	Bundesregierung	Landesregierung	beide
Bei uns muss eine Autobahn gebaut werden.			X
Es müssen mehr Polizisten eingestellt werden.		X	
Der Staat soll weniger Geld für Soldaten ausgeben.	X		
In der Schule sollen die Schüler etwas über die UNO lernen.		X	
Es soll mehr Windräder zur Energiegewinnung geben.			X
Es soll mehr umweltfreundliche Autos geben.			X

Seite 84

1 *Zuordnung von links nach rechts:*
der Wähler
der Stimmzettel
die Wahlkabine

2

	allgemein	frei	gleich	geheim
Ich habe eine Postkarte bekommen. Auf der Postkarte stand, wann und wo ich wählen kann. Das hat jede Wählerin und jeder Wähler bekommen, damit alle Bescheid wissen. Denn die Wahl ist …	X			
Im Wahllokal bin ich in die Wahlkabine gegangen, damit niemand sieht, wo ich meine Kreuze gemacht habe. Die Wahl ist nämlich …				X
Niemand hat mir gesagt, was ich wählen soll. Das konnte ich ganz allein entscheiden. Denn die Wahl ist …		X		
Meine Stimme zählt genauso viel wie alle anderen, obwohl ich so jung bin. Die Wahl ist nämlich …			X	

Seite 85

1 A: Die Linke
B: FDP
C: Bündnis 90/Die Grünen
D: CDU/CSU

Seite 86

1
1. CDU/CSU und Bündnis 90/Die Grünen, 374
2. CDU/CSU und SPD, 504
3. CDU/CSU und Die Linke, 375
4. Bündnis 90/Die Grünen, SPD und Die Linke, 320

Seite 87

1 Der Bundeskanzler leitet Kabinettsitzungen.
Der Bundespräsident ernennt Minister.
Der Bundespräsident unterscheibt Gesetze.
Der Bundespräsident verleiht Orden.
Der Bundestagspräsident ruft die Abgeordneten zur Ordnung.

Seite 88

1

	richtig	falsch
Der Bundestag wählt den Bundeskanzler/die Bundeskanzlerin.	X	
Die Abgeordneten werden von dem Bundeskanzler/der Bundeskanzlerin bestimmt.		X
Der Bundeskanzler/die Bundeskanzlerin und alle Ministerinnen und Minister bilden die Regierung.	X	
Alle deutschen Bürgerinnen und Bürger (ab 18 Jahre) können an der Bundestagswahl teilnehmen.	X	
Wenn ein Abgeordneter einen anderen beleidigt, kann man nichts machen.		X
In den Bundesländern gibt es auch Parlamente.	X	
Das Parlament eines Bundeslandes heißt Bundesrat.		X
Jedes Bundesland hat eine eigene Regierung.	X	
Nur der Bundeskanzler/die Bundeskanzlerin kann ein Gesetz vorschlagen.		X

2 *Beschriftung von links nach rechts:*
die ausführende Gewalt
die richterliche Gewalt
der Bundespräsident
der Bundesrat
das Parlament
das Bundesverfassungsgericht
die Bundesregierung
die Landtage
die wahlberechtigten Bürgerinnen und Bürger

Kapitel 8: Die Europäische Union

Seite 90

1 Brüssel, Straßburg

2
1. Das ist die Flagge der EU.
2. Die gemeinsame Währung in der EU ist der Euro.

3 Belgien, Deutschland, Estland, Finnland, Frankreich, Griechenland, Irland, Italien, Lettland, Litauen, Luxemburg, Malta, Niederlande, Österreich, Portugal, Slowakei, Slowenien, Spanien, Zypern

Seite 91

4 Belgien, Bulgarien, Dänemark, Deutschland, Estland, Finnland, Frankreich, Griechenland, Großbritannien (hat den Austritt beantragt), Irland, Italien, Kroatien, Lettland, Litauen, Luxemburg, Malta, Niederlande, Österreich, Polen, Portugal, Rumänien, Schweden, Slowakei, Slowenien, Spanien, Tschechien, Ungarn, Zypern

5 Albanien, Bosnien und Herzegowina, Kosovo, Mazedonien, Moldau, Montenegro, Norwegen, Russland, Schweiz, Serbien, Türkei, Ukraine, Weißrussland

6 Verständnis passt zum Motto der EU.
Zusammen leben passt zum Motto der EU.
Streit passt nicht zum Motto der EU.
Diskussion passt zum Motto der EU.
Voneinander lernen passt zum Motto der EU.
Zusammen arbeiten passt zum Motto der EU.
Probleme passen zum Motto der EU.
Verschiedene Kulturen passen zum Motto der EU.
Viele Sprachen passen zum Motto der EU.

Seite 92

1
a Deutschland, Frankreich, Italien, Belgien, Niederlande, Luxemburg

b 1993

c 2007 bzw. 2013: Bulgarien, Rumänien und Kroatien

Seite 93

2 1951–1957 gründeten Deutschland, Frankreich, Belgien, Italien, Niederlande und Luxemburg die EWG.
1985 entfielen die Passkontrollen bei den meisten EU-Staaten.
1992 wurde der Vertrag von Maastricht unterzeichnet.
2002 wurde der Euro in 12 Ländern eingeführt.
2013 trat Kroatien der EU bei.

4 *individuelle Antworten*

Seite 94

2

	richtig	falsch
In der EU dürfen nur Personen frei reisen.		X
EU-Bürger dürfen in einem anderen Mitgliedsland arbeiten.	X	
Ein EU-Bürger darf ein Bankkonto nur in seinem Heimatland eröffnen.		X
Es gibt in der EU keine Zölle für Waren aus anderen EU-Ländern.	X	
Die Europäische Union arbeitet in der Wirtschaft sehr eng zusammen.	X	

3 In der EU dürfen Personen, Waren, Geld (Kapital) und Dienstleistungen frei reisen.
Ein EU-Bürger darf ein Bankkonto in einem anderen Land der EU eröffnen.

4 Freier Personenverkehr bedeutet, dass man ohne Grenzkontrollen in der EU reisen kann.
Freier Dienstleistungsverkehr bedeutet, dass man Versicherungen aus einem Land überall in der EU in Anspruch nehmen kann.
Freier Warenverkehr bedeutet, dass man Produkte aus der gesamten EU in Deutschland kaufen kann.
Freier Kapitalverkehr bedeutet, dass Unternehmen ein Konto in einem anderen EU-Staat eröffnen können.

Seite 95

5 *Zuordnung von links nach rechts:*
Freier Personenverkehr
Freier Dienstleistungsverkehr
Freier Kapitalverkehr
Freier Warenverkehr

6 Eden: Freier Personenverkehr
Erfan: Freier Warenverkehr
Amina: Freier Personenverkehr
Max: Freier Dienstleistungsverkehr

Seite 96

1 Die Bürger der EU wählen das EU-Parlament.
Der Ministerrat und das EU-Parlament beschließen Gesetze und den Haushalt der EU.
Das EU-Parlament kontrolliert die EU-Kommission.
Die EU-Kommission schlägt Gesetze vor.

Seite 97

2 Die Gesetzgebung bedeutet, dass das Europäische Parlament über Gesetzesvorschläge der Kommission entscheidet.
Das Haushaltsrecht bedeutet, dass das Parlament mitbestimmt, wofür wie viel Geld ausgegeben wird.
Demokratische Kontrollrechte bedeuten, dass Kommission und Rat dem Parlament berichten müssen, was sie tun.

3 Haushaltsrecht
Gesetzgebung
Kontrollrecht

Seite 98

1 Schutz vor dem Rauchen: Rauchen kann tödlich sein.
Die Europäische Kommission schlägt ein Gesetz vor.
Das EU-Parlament berät über den Vorschlag und entscheidet darüber.
Der Ministerrat trifft die endgültige Entscheidung.
Ein neues Gesetz tritt in Kraft.

Seite 99

1 Eine EU-Parlamentarierin erklärt, dass junge Menschen gar nicht erst anfangen sollen zu rauchen.
Mediziner und Politiker sagen, dass viele Menschen in Europa durch das Rauchen sterben.
Die Tabak-Konzerne sind der Meinung, dass die EU den Menschen zu viel vorschreibt.

2

pro Tabakrichtlinie	kontra Tabakrichtlinie
Eine EU-Parlamentarierin erklärt, dass junge Menschen gar nicht erst anfangen sollen zu rauchen.	Die Tabak-Konzerne sind der Meinung, dass die EU den Menschen zu viel vorschreibt.
Mediziner und Politiker sagen, dass viele Menschen in Europa durch das Rauchen sterben.	

4 Ich finde die neue Richtlinie gut, weil Rauchen ungesund und gefährlich ist.
Ich finde die neue Richtlinie gut, weil die Bilder junge Menschen abschrecken. Sie fangen dann nicht an zu rauchen.
Ich finde die neue Richtlinie nicht gut, weil wir von der EU zu viel vorgeschrieben bekommen.
Ich finde die neue Richtlinie nicht gut, weil durch die neue Richtlinie Arbeitsplätze verloren gehen.

Seite 100

1 *So könnte deine Lösung aussehen:*
Deutschland, Frankreich, Griechenland, Italien, Spanien

2 Belgien, Finnland, Niederlande, Österreich, Portugal

3

Vorteile EU	Nachteile EU
Die EU bedeutet Frieden in Europa.	Die Staaten sind in der EU weniger selbstständig.
Die EU stärkt die Wirtschaft in Europa.	Es dauert lange, bis sich die Mitgliedsstaaten einigen.

4 Freier Personenverkehr bedeutet, dass man in der EU wohnen kann, wo man will.
Freier Kapitalverkehr bedeutet, dass man ein Bankkonto in einem anderen EU-Land eröffnen kann.
Freier Dienstleistungsverkehr bedeutet, dass man kann eine Krankenversicherung aus einem anderen EU-Land wählen kann.
Freier Warenverkehr bedeutet, dass man in der EU Waren aus allen EU-Ländern kaufen kann.

5 Das EU-Parlament kontrolliert die EU-Kommission.
Der Ministerrat beschließt zusammen mit dem EU-Parlament
Gesetze und den EU-Haushalt.
Die EU-Kommission schlägt Gesetzte vor.

Kapitel 9: Weltweite Globalisierung

Seite 102

1
1. der Computer
2. das Smartphone
3. das Call-Center
4. das Frachtflugzeug
5. der Container
6. das Containerschiff

Seite 103

3 Globalisierung bedeutet, dass die Menschen auf der ganzen Welt miteinander kommunizieren.
Globalisierung bedeutet, dass die Menschen auf der ganzen Welt miteinander vernetzt sind.
Globalisierung bedeutet, dass die Menschen auf der ganzen Welt miteinander Handel betreiben.

5

die Kommunikationstechnik	das Transportwesen
der Computer	der Container
das Smartphone	das Frachtflugzeug
das Call-Center	das Containerschiff

Seite 104

1

Kommunikation	Handel und Transport
Informationen werden ausgetauscht.	Waren werden gekauft und verkauft.
Kunden werden in Call-Centern beraten.	Waren werden an Kunden geliefert.

Seite 105

3

Import (Einfuhr)	Export (Ausfuhr)
die Orangen	das Mikroskop
der Reis	die Waschmaschine
der Kaffee	der Fernseher
das Holzmöbel	das Sportgerät

4 Reis kommt aus Indien nach Deutschland
Kaffee kommt aus Südamerika nach Deutschland.
Orangen kommen aus Südeuropa nach Deutschland.
Fleischwaren kommen aus Osteuropa nach Deutschland.
Holzmöbel kommen aus Nordeuropa nach Deutschland.

Seite 106

2
1. Rohstoffabbau in Afrika
2. Zusammenbau in Asien
3. Vermarktung in Europa und Nordamerika

Seite 107

3

Im Smartphone sind wertvolle Metalle (zum Beispiel Kobalt, Tantal, Zinn) enthalten.	1
In den Fabriken in China arbeiten junge Frauen unter sehr harten Bedingungen.	2
Die Rohstoffe für ein Smartphone kommen aus Afrika (zum Beispiel Kongo).	2
Die Smartphones werden in Europa und Nordamerika vermarktet.	3
Ein Smartphone wird oft nach 2 Jahren ausgetauscht.	3
Die meisten Smartphones werden in Asien zusammengebaut.	2

5

	Rohstoffabbau	Produktion	Handel und Vertrieb
Wo?	in Kongo, Südamerika und Australien	in Asien (China)	in Europa und Nordamerika
Wer?	Bergbauarbeiter	Fabrikarbeiterinnen	Mobilfunk-Unternehmen
Was passiert dabei?	Erz für wertvolle Metalle wird abgebaut	Komponente werden zusammen gebaut	Endprodukte werden verkauft

Seite 109

1

	Folgen in den armen Ländern	Folgen in den reichen Ländern
für die Menschen	neue Arbeitsplätze entstehen	Großunternehmen erzielen hohe Gewinne
	für einen Billiglohn arbeiten	Verlust von Arbeitsplätzen
für die Umwelt	Rohstoffabbau gefährdet den Lebensraum von Tieren	Elektro-Müll ist umweltschädlich und soll richtig entsorgt werden

2 Einerseits werden Rohstoffe für die Smartphone-Produktion benötigt, andererseits gefährdet der Rohstoffabbau den Lebensraum von Tieren.
Einerseits erzielen Großunternehmen in reichen Ländern hohe Gewinne, andererseits bedeutet es für Mitarbeiter in reichen Ländern den Verlust von Arbeitsplätzen.
Einerseits entstehen in den armen Ländern neue Arbeitsplätze, andererseits werden die Arbeiter von Großunternehmen aus dem Ausland abhängig.

3 *individuelle Lösungen*

Seite 110

1

	richtig	falsch
Globalisierung bedeutet, dass die Menschen auf der ganzen Welt miteinander vernetzt sind.	x	
Das Smartphone ist ein globales Produkt, weil man es überall kaufen kann.		x
Ein Smartphone besteht aus vielen Bauteilen, die an vielen Orten auf der Erde hergestellt werden.	x	
Ich kann mein altes Smartphone einfach in den Hausmüll werfen.		x
Ein altes Elektrogerät gehört in den Sondermüll.	x	

2 Ein Container ist ein Behälter mit einheitlicher Größe für Transportgüter.
Ein Call-Center ist eine Art Dienstleistung. Dort werden Kunden per Telefon beraten.
Export bedeutet Ausfuhr von Waren ins Ausland.
Import bedeutet Einfuhr von Waren ins Inland.
Recycling bedeutet dass wertvolle Stoffe aus Abfall (Müll) wiederverwertet werden.

3

	dafür	dagegen
Ich denke, die Globalisierung sichert in Asien für viele Menschen Arbeitsplätze.	x	
Ich denke, die Globalisierung bedeutet für viele Menschen in Europa den Verlust von Arbeitsplätzen.		x
Ich denke, die Globalisierung kann Umweltprobleme verursachen.		x
Ich finde es gut, dass ich viele Produkte in Europa zu günstigen Preisen kaufen kann.	x	
Ich finde es nicht gut, dass in den armen Ländern die Menschen für einen „Billiglohn" arbeiten müssen.		x

4 *So könnte deine Lösung aussehen:*
Die Folgen der Globalisierung für die Menschen sind, dass neue Arbeitsplätze entstehen.
Die Folgen der Globalisierung für die Umwelt sind, dass der Rohstoffabbau den Lebensraum von Tieren gefährdet.